新农村建设百问系列丛书

编 委 会

主 任 谢红星

副主任 周从标　周思柱

编 委 （按姓氏笔画排列）

丁保淼	万春云	王 宇	王 勇	王贤锋
王家乡	邓军蓉	卢碧林	邢丹英	朱 进
任伯绪	刘会宁	江 涛	许晓宏	孙 晶
孙文学	严奉伟	苏加义	苏应兵	李 鹏
李小彬	李凡修	李华成	李助南	杨 军
杨 烨	杨丰利	杨代勤	吴力专	汪招雄
张 义	张平英	张佳兰	张晓方	陈群辉
范 凯	赵红梅	郝 勇	姚 敏	徐前权
殷裕斌	郭利伟	龚大春	常菊花	彭三河
韩梅红	程太平	黎东升		

本书编写人员

主　编　李　鹏（长江大学）

　　　　　杜晋平（长江大学）

　　　　　王家乡（长江大学）

参　编　马　艳（长江大学）

　　　　　殷裕斌（长江大学）

　　　　　许凤英（长江大学）

　　　　　吴力专（长江大学）

让更多的果实"结"在田间地头

（代　序）

长江大学校长　谢红星

众所周知，建设社会主义新农村是我国现代化进程中的重大历史任务。新农村建设对高等教育有着广泛且深刻的需求，作为科技创新的生力军、人才培养的摇篮，高校肩负着为社会服务的职责，而促进新农村建设是高校社会职能中一项艰巨而重大的职能。因此，促进新农村建设，高校责无旁贷，长江大学责无旁贷。

事实上，科技服务新农村建设是长江大学的优良传统。一直以来，长江大学都十分注重将科技成果带到田间地头，促进农业和产业的发展，带动农民致富。如黄鳝养殖关键技术的研究与推广、魔芋软腐病的防治，等等；同时，长江大学也在服务新农村建设中，发现和了解到农村、农民最真实的需求，进而找到研究项目和研究课题，更有针对性地开展研究。学校曾被科技部授予全国科技扶贫先进集体，被湖北省人民政府授予农业产业化先进单位，被评为湖北省高校为地方经济建设服务先进单位。

2012年，为进一步推进高校服务新农村建设，教育部和科技部启动了高等学校新农村发展研究院建设计划，旨在通过开展新农村发展研究院建设，大力推进校地、校所、校企、校农间的深度合作，探索建立以高校为依托、农科教相结合的综合服务模式，切实提高高等学校服务区域新农村建设的能力和水平。

2013 年，长江大学经湖北省教育厅批准成立新农村发展研究院。两年多来，新农村发展研究院坚定不移地以服务新农村建设为己任，围绕重点任务，发挥综合优势，突出农科特色，坚持开展农业科技推广、宏观战略研究和社会建设三个方面的服务，探索建立了以大学为依托、农科教相结合的新型综合服务模式。

两年间，新农村发展研究院积极参与华中农业高新技术产业开发区建设，在太湖管理区征购土地 127.1 公顷，规划建设长江大学农业科技创新园；启动了 49 个服务"三农"项目，建立了 17 个多形式的新农村建设服务基地，教会农业土专家 63 人，培养研究生 32 人，服务学生实习 1 200 人次；在农业技术培训上，依托农学院农业部创新人才培训基地，开办了 6 期培训班，共培训 1 500 人，农业技术专家实地指导 120 人次；开展新农村建设宏观战略研究 5 项，组织教师参加湖北电视台垄上频道、荆州电视台江汉风开展科技讲座 6 次；提供政策与法律咨询 500 人次，组织社会工作专业的师生开展丰富多彩的小组活动 10 次，关注、帮扶太湖留守儿童 200 人；组织医学院专家开展义务医疗服务 30 人次；组织大型科技文化行活动，100 名师生在太湖桃花村举办了"太湖美"文艺演出并开展了集中科技咨询服务活动。尤其是在这些服务活动中，师生都是

"自带干粮，上门服务"，赢得一致好评。

此次编撰的新农村建设百问系列丛书，是16个站点负责人和项目负责人在服务新农村实践中收集到的相关问题，并对这些问题给予的回答。这套丛书融知识性、资料性、实用性为一体，应该说是长江大学助力新农村建设的又一作为、又一成果。

我们深知，在社会主义新农村建设的伟大实践中，有许多重大的理论、政策问题需要研究，既有宏观问题，又有微观问题；既有经济问题，又有政治、文化、社会等问题。作为一所综合性大学，长江大学理应发挥其优势，在新农村建设的伟大实践中，努力打下属于自己的鲜明烙印，凸显长江大学的影响力和贡献力，通过我们的努力，让更多的果实"结"在田间地头。

2015年5月16日

前　言

　　我国养羊历史悠久，肉羊品种资源及牧草和农作物副产品丰富，发展养羊业有着较大的潜力。近年来，我国肉羊产业发展发生了质的跨越，其主要特征是：肉羊养殖区域化明显，肉羊规模化养殖比重不断提高，产业发展十分迅速。但我国的肉羊产业在品种资源、良种化程度、标准化规模饲养、产品质量等方面与发达国家相比，仍存在一定差距。要进一步提升肉羊生产发展水平，最有效的措施就是加快科技进步，推进肉羊健康规模养殖。

　　为促进肉羊产业生产方式转变，提升养殖户养殖肉羊的科学水平，增加农民收入，新农村建设贡献一已之力，我们编写了本书。全书内容主要包括七部分：肉羊优良品种及遗传改良技术、肉羊繁殖技术、饲草料利用及加工技术、羊场建设与环境控制、饲养管理技术、肉羊主要产品、肉羊常见病防治技术。全书由长江大学李鹏、杜晋平和王家乡博士负责统筹编写，马艳、殷裕斌、许凤英和吴力专老师也参与部分写作。初稿完成后由李鹏博士进行了审阅，并提出具体的修改意见。

　　由于编者水平有限，本书难免有遗漏和不妥之处，敬请广大师生、养殖人员和同行不吝指正。

编　者

2016 年 4 月 26 日

目 录

一、肉羊优良品种及遗传改良技术

1. 我国主要绵羊品种有哪些?

绵羊品种的分类方法有很多,有动物学分类法、产毛类型分类法和生产方向分类法等多种方法。

(1)绵羊品种的动物学分类 绵羊品种的动物学分类依据是绵羊尾形的差异和大小的特征。尾形是根据尾部脂肪沿尾椎沉积的程度以及沉积的外形来决定。根据上述原则,绵羊品种可分为以下几大类。

① 短瘦尾羊 如西藏羊。

② 长瘦尾羊 如澳洲美利奴羊、新疆细毛羊、中国美利奴羊等。

③ 短脂尾羊 如蒙古羊、小尾寒羊等。

④ 长脂尾羊 如滩羊、大尾寒羊等。

⑤ 肥臀羊 如哈萨克羊、阿勒泰羊等。

(2)根据绵羊所产羊毛类型分类 此种分类方法,是由M. E. Ensminger 提出的,根据所产羊毛类型的不同将绵羊品种分为六大类。这种分类方法目前主要在西方国家广泛采用。

① 细毛型品种 主要为细毛羊品种,如澳洲美利奴羊、中国美利奴羊等。

② 长毛型品种 这一类型绵羊体格大,羊毛粗长,如林肯羊、罗姆尼羊、边区莱斯特羊等。

③ 中毛型品种 这一类型主要用于产肉,羊毛品质居于长毛型与细毛型之间,如南丘羊、萨福克羊等。

④ 地毯毛型品种 如德拉斯代羊、黑面高原羊等。

⑤ 羔皮用型品种 如卡拉库尔羊等。

⑥ 裘皮用型品种　如滩羊。

（3）按绵羊品种的生产方向分类　这一分类的原则是根据绵羊产品的生产方向和经济价值，将同一生产方向的绵羊品种归为一类。这种分类便于在生产实践中应用，但也有缺点，就是对多种用途的绵羊往往在不同国家由于使用的重点不同，归类的方法也不同。这种分类方法目前主要在中国和俄罗斯等国采用。按生产方向分类，可将中国绵羊品种划分为：细毛羊、半细毛羊、肉用羊、裘皮羊、羔皮羊、肉脂羊、半粗毛羊、粗毛羊与乳用羊。

① 细毛羊　细毛羊共同的特点是：毛纤维属同一类型，细度在 60 支以上，毛丛长度 7 厘米以上，细度和长度均匀，并具有整齐的弯曲。其中毛用代表品种有澳洲美利奴羊、中国美利奴羊、新吉细毛羊等。毛肉兼用代表品种有新疆细毛羊、东北细毛羊等。肉毛兼用代表品种有德国美利奴羊、南非美利奴羊等。

② 半细毛羊　半细毛羊的共同特点是：被毛由同一纤维类型的细毛或两型毛组成。毛纤维的细度为 32～58 支，长度不一，愈粗则愈长。根据被毛的长度，有长毛种和短毛种之分。按其体型结构和产品的侧重点，又分为毛肉兼用半细毛羊和肉毛兼用半细毛羊两大类，前者的代表品种如茨盖羊，后者的代表品种如边区莱斯特羊、考力代羊。

③ 肉用羊　肉用羊的被毛类型一般为半细毛，如萨福克羊、无角道赛特羊、夏洛来羊等。

④ 裘皮羊　裘皮是指绵羊在 1 月龄左右时所剥取的皮。此时的裘皮毛股紧密，毛穗非常美观，色泽光润，被毛不擀毡，皮板良好，称为二毛皮。中国裘皮羊绵羊品种有滩羊、贵德黑裘皮羊和岷县黑裘皮羊。

⑤ 羔皮羊　羔皮具有美丽的毛卷或花纹，图案非常美观。中国羔皮羊绵羊品种有湖羊和卡拉库尔羊。

⑥ 肉脂羊　肉脂羊皆为粗毛羊，其特点是产肉性能较好，善于贮存脂肪，具有肥大的尾部。中国肉脂羊绵羊品种有大尾寒

羊、小尾寒羊、同羊、兰州大尾羊、乌珠穆沁羊和阿勒泰羊。

⑦ 粗毛羊 粗毛羊毛被不同质，是由多种纤维类型的毛组成的，一般含有细毛、两型毛、粗毛和死毛，所以称为混型毛或异质毛。

⑧ 乳用羊 乳用绵羊产奶性能好，如东佛里生羊。

2. 湖羊有何特性?

（1）主产地 湖羊在太湖平原育成和饲养已有 800 多年的历史。由于受到自然条件和人为选择的影响，逐渐育成独特的一个品种，产区在浙江、江苏间的太湖流域地区，所以称为"湖羊"。品种形成于 12 世纪初，由蒙古羊选育而成。湖羊是我国特有的羔皮用绵羊品种，也是世界上少有的白色羔皮品种，主要分布在浙江的湖州市吴兴区、嘉兴、杭州和江苏的苏州市吴江区及上海的部分郊区县。

（2）外貌特征 湖羊体格中等，公羊、母羊均无角，耳大下垂，眼微凸，鼻梁隆起。体躯狭长，背腰平直，腹微下垂，四肢结实，母羊乳房发达。小脂尾呈扁圆形，尾尖上翘。被毛白色，腹毛粗、稀而短，初生羔羊被毛呈美观的水波纹状。体质结实（图 1-1 至图 1-3）。

图 1-1 湖羊公羊

图 1-2 湖羊母羊

（3）生产性能　湖羊在太湖平原经过长期驯养，适应性强、生长快、成熟早、繁殖率高。母羊 4～5 月龄性成熟，营养良好的情况下可一年两产或两年三产，产羔率随胎次而增加，一般每胎产羔 2 只以上，平均产羔率228.9％。

图 1-3　湖羊群体

泌乳量多，羔羊生长快。湖羊周岁公羊平均体重为 35 千克，母羊为 26 千克。成年公羊体重为 49 千克，成年母羊体重为 37 千克。被毛异质，剪毛量成年公羊平均为 1.65 千克，母羊为 1.17 千克。毛长 12 厘米，净毛率 50％。屠宰率公羊 48.5％，母羊 49.4％。早期生长发育快，性成熟早，四季发情，多胎多产。正常情况下，成年母羊四季发情，大多数集中在春末至初秋时节，终年繁殖。

（4）利用价值　湖羊对潮湿、多雨的亚热带气候和常年舍饲的饲养管理方式适应性强，且产肉性能好，可发展肉羊生产。

应用优良种羊，强化种公羊管理。引进体型大，生长发育快的良种公羊，经常交换种公羊，以避免近亲繁殖。

调整湖羊产羔季节，缩短饲养周期。围绕肥羊生产，可推行两种繁殖制度：①在 4 月下旬至 5 月初配种，9 月底至 10 月初产羔；②10 月至 11 月配种，翌年 3 月至 4 月产羔，入冬后体重达 37～40 千克开始销售。

湖羊羔羊生后 1～3 天宰杀所获羔皮洁白光润，皮板轻柔，花纹呈波浪形，在国际市场上享有很高的声誉，有"软宝石"之称。

3. 滩羊有何特性？

（1）主产地　滩羊是蒙古羊的一个分支，在当地的自然资源和气候条件下，经风土驯化和选育形成的一个特殊绵羊品种，是我国特有的名贵裘皮用绵羊品种。主要产于宁夏贺兰山东麓的银川市附近各县，分布于宁夏、甘肃、内蒙古、陕西等地区。盐池县被确定为滩羊种质资源核心保护区。

（2）外貌特征　滩羊体格中等，体质结实。公羊有螺旋形大角，母羊一般无角或有小角，头部常有褐色、黑色或黄色斑块，鼻梁稍隆起，耳有大、中、小3种。背腰平直，胸较深，被毛白色，毛被中有髓毛细长柔软，无髓毛含量适中，无干死毛，毛股明显，呈长毛辫状，有光泽。四肢端正，蹄质结实。属脂尾羊，尾根部宽大，尾尖细呈三角形，下垂过飞节。

滩羊羔初生时从头至尾部和四肢都长有较长并具有波浪形弯曲的结实毛股。随着日龄的增长和绒毛的增多，毛股逐渐变粗、变长，花穗更为紧实美观。到1月龄左右宰剥的毛皮称为"二毛皮"（毛长四指露头，有二寸*长，故称之为二毛）。二毛期过后随着毛股的增长，花穗日趋松散，二毛皮的优良特性逐渐消失。成年滩羊公羊平均体高为65.6厘米，体长75.5厘米，胸围80.9厘米，成年滩羊母羊平均体高为61.8厘米，体长71.7厘米，胸围76.5厘米（图1-4至图1-6）。

（3）生产性能　滩羊二毛皮皮板弹性好，致密结实，皮板厚度平均为0.78毫米，每平方厘米平均有毛2 254根。鞣制好的二毛裘皮平均重为0.35千克。滩羊每年剪毛2次，每年5月下旬至6月中旬剪春毛，9月上旬剪1次秋毛。毛股自然长度12厘米，平均产毛量公羊1.6～2.0千克，母羊1.5～1.8千克。净

---

　*　寸为非法定计量单位。1寸≈3.33厘米。

毛率 44%～51%，羊毛含脂率约 7%。无干死毛，毛股呈明显的长毛辫状。毛纤维富有弹性，是织制提花毛毯的优良原料。

图 1-4　滩羊公羊

图 1-5　滩羊母羊

成年公羊体重为 46.9 千克，成年母羊体重为 35.3 千克，屠宰率为 45%左右。滩羊产羔率为 101%～103%。

（4）利用价值　滩羊的主要产品是滩羊二毛皮、滩羔皮和滩羊毛、肉。二毛裘皮是滩羊最著名的产品之一。毛股长

图 1-6　滩羊群体

一般在 7～8 厘米，毛股有 6～9 道弯曲，弧度均匀，保暖而不擀毡，毛色洁白，光泽悦目，花穗美观，毛皮轻便，毛股长而坚实，根部柔软不擀毡，能够纵横倒置，如水波起伏，花案清晰，图案极其优美，是裘皮中的上品，是宁夏的"五宝"之一，在国际上享有盛誉。

滩羊毛属于粗毛型，纤维细长均匀，柔软，自然弯曲、富有光泽和弹性，是优质地毯毛和纺线毛，用其制成的提花毛毯和仿古地毯深受国内外消费者的欢迎。

据《本草纲目》记载，"滩羊肉能暖中补虚、补中益气、镇静止惊、开胃健力，治虚劳恶冷、五劳七伤"，可用于治疗虚劳

赢瘦、腰膝酸软、产后虚冷、虚寒胃痛、肾虚阳衰等症。滩羊肉质细嫩、膻味轻，是我国最好的羊肉之一，尤其是剥取二毛皮的羔羊肉肉质细嫩、味道鲜美，为肥羔中的上品，备受人们青睐。

滩羊浑身都是宝。随着现代生物技术的发展，滩羊的其他产品如血、奶、胆、肝、心、肾等的开发利用的前景将更广阔。

4. 小尾寒羊有何特性？

（1）主产地　原产于河北南部、河南东部和东北部、山东南部及安徽北部、江苏北部一带，现全国各地都有分布。据考证，小尾寒羊起源于宋朝中期，当时我国北方少数民族迁至中原时，把蒙古羊带到黄河流域，由于气候环境和饲养方式的改变，并通过劳动人民的长期精心培育，形成该品种。

（2）外貌特征　小尾寒羊体形结构匀称，侧视略成正方形。鼻梁隆起，耳大下垂，短脂尾呈圆形，尾尖上翻。被毛白色。公羊有大的螺旋形角，母羊有小角或姜形角。公羊前胸较深，鬐甲高，背腰平直，体躯高大，前后躯发育匀称，四肢粗壮，蹄质坚实。母羊体躯略呈扁形，乳房发达。（图1-7至图1-9）。

图1-7　小尾寒羊公羊　　　　图1-8　小尾寒羊母羊

（3）生产性能　小尾寒羊成熟早，繁殖率高，5～6月龄就发情，当年可产羔。母羊常年发情，多集中在春、秋两季，有部分母羊一年两产或两年三产。
产羔率依胎次增加而提高。产
羔率为 260%～270%。在正常
放牧条件下，公羔日增重 160
克，母羔 115 克；改善饲养条
件下，日增重可达 200 克以上。
周岁育肥公羊宰前活重平均为
72.8 千克，胴体重平均为 40.5
千克，屠宰率为 55.6%，净肉

图 1-9　小尾寒羊群体

重平均为 33.4 千克，净肉率 45.9%。剪毛量公羊为 3.5 千克，
母羊为 2.0 千克；毛长公羊为 13.0 厘米，母羊为 11.5 厘米。周
岁前生长发育快，具有较大产肉潜力。

（4）利用价值　小尾寒羊因具有优于其他绵羊品种的特性，
所以从 20 世纪 80 年代以来，已推广到东北、华北、西北、西南
地区等 20 多个省、自治区、直辖市饲养。该品种是我国发展肉
羊生产或应用杂交培育肉羊品种的优良母本素材，要充分利用该
品种羊多胎的特性发展羔羊肉生产。青海省存栏约 16 万只，内
蒙古约 1 000 万只。目前大多利用道赛特、萨福克、特克塞尔羊
等品种进行杂交，利用杂种优势生产肥羔，提高产肉性能和肉的
品质。

5.　东北细毛羊有何特性？

（1）主产地　松辽平原是东北细毛羊的产地，在黑龙江省主
要分布在嫩江、绥化、大庆、黑河等地草原上。

东北细毛羊是东北三省采取联合育种方式共同育成的。首先
用美利奴羊与蒙古羊进行杂交，杂种后代进行横交固定和扩繁，
又先后引入苏联美利奴羊、高加索羊、阿斯卡尼亚羊、斯达夫
羊、新疆细毛羊等对其杂交改良后，于 1967 年培育成功。

（2）外貌特征 东北细毛羊全身被毛为白色，毛丛结构良好，呈闭合型。羊毛覆盖头至两眼连线，前肢达腕关节，后躯达飞节，腹毛呈毛丛结构。体质结实，结构匀称，体躯长无皱褶，后躯丰满，肢势端正。公羊有螺旋形角，母羊无角。公羊颈部有1～2个完全或不完全的横皱褶，母羊颈部有发达的纵皱褶。成年公羊平均体高74.3厘米，体斜长80.6厘米，成年母羊体高67.5厘米，体斜长72.3厘米（图1-10至图1-12）。

图1-10 东北细毛羊公羊

图1-11 东北细毛羊母羊

（3）生产性能 公羊体重83.7千克，成年母羊45.3千克；育成公、母羊体重分别为43.0千克和37.8千克。剪毛量成年公羊13.4千克，成年母羊6.1千克，净毛率35%～40%。成年公羊毛丛长9.3厘米，成年母羊7.4厘米，羊毛细度

图1-12 东北细毛羊群体

60～64支。64支的羊毛强度为7.2克，伸度为36.9%；60支的羊毛相应为8.2克和40.5%。油汗颜色，白色占10.2%，乳白色占23.8%，淡黄色占55.1%，黄色占10.8%。

成年公羊的屠宰率平均为43.6%，净肉率34.0%；同龄成年母羊相应为52.4%和40.8%。初产母羊的产羔率为111%，

经产母羊为 125%。

（4）利用价值　东北细毛羊适合放牧，冬、春补草、补料。夏季全天放牧，日采食量 5 千克左右，冬季日采食量 0.8 千克左右，需要补饲，以满足营养需要。东北细毛羊是毛肉兼用型羊，生产性能好，适应性强，耐粗饲，生长发育快；羊毛品质好，遗传性稳定。

用东北细毛羊作母本，用南非肉用美利奴羊为父本进行杂交改良，其子代仍保持东北细毛羊的产毛性能，而产肉性能明显提高，平均日增重达 233.6 克，宰前活重平均 55.5 千克，屠宰率平均为 49.8%，胴体净肉率平均为 78.9%。

6. 乌珠穆沁羊有何特性？

（1）主产地　乌珠穆沁羊是蒙古羊的优良类群之一，产于内蒙古锡林郭勒盟东北部乌珠穆沁草原，现主要分布在东乌珠穆沁旗、西乌珠穆沁旗、锡林浩特市、乌拉盖农垦管理区，在与内蒙古通辽市、赤峰市接壤的牧区有分布，其他地区亦有数量不等的群体存在。

乌珠穆沁羊系蒙古羊在当地条件下，经过长期的自然选择和人工选择，逐渐形成的一个优良类群，1982 年经农业部、国家标准总局确认，正式批准"乌珠穆沁羊"为当地优良品种。目前，在中心产区约存栏 330 万只。

（2）外貌特征　乌珠穆沁羊体躯被毛颜色全部为白色，被毛长，肤色为粉色。体躯较长，呈长方形，后躯发育良好，胸宽深，肋骨开张良好，背腰平直，尻部下斜。四肢端正而坚实有力，前肢腕关节发达。头部、颈部、眼圈、嘴筒多为有色毛。头大小适中，额较宽，鼻隆起。眼大而突出。公羊有角或无角，母羊多数无角；有角的母羊角纤细，公羊角粗壮，两角向前上方弯曲呈螺旋形角。耳小半下垂。颈基粗壮，公羊颈粗而短，母羊颈相对细长，公、母羊均无皱褶和肉垂。短脂尾，肥厚而充实、尾大而短。骨骼粗壮，肌肉丰满，发育良好（图1-13至图1-15）。

图1-13 乌珠穆沁羊公羊

图1-14 乌珠穆沁羊母羊

（3）生产性能 乌珠穆沁羊生长发育快，2.5～3月龄公、母羔羊平均体重为29.5千克和24.9千克；6月龄的公、母羔羊平均体重达39.6千克和35.9千克；成年公羊60～70千克，成年母羊56～62千克。在完全放牧不补饲的条件下，当年羔

图1-15 乌珠穆沁羊群体

羊的体重一般能达到3.5岁羊体重的50%以上，少部分能达到60%。生长高峰为2月龄，日增重可达300克以上，个别羊可达400克。6月龄平均日增重200～300克。屠宰率平均为52.1%，净肉率为46.0%。产羔率平均为113%，母性强，泌乳性能好。

乌珠穆沁羊为粗毛羊，每年剪毛2次，产毛量低、毛质差。成年公、母羊平均年剪毛量分别为1.9千克和1.4千克。净毛率高，平均为72.3%。

（4）利用价值 具有体格大、活重高、产肉多、脂尾重，肉质鲜美、无膻味；生长发育快、成熟早；放牧抓膘能力强，耐粗放管理；母性好；抗逆性强等特点。非常适合在天然草原上常年放牧饲养，饲养成本低，经济效益高，并且易管理，省时省力。在正常年景下，几乎可以全年放牧饲养，只有在冬、春遇到风雪灾害天气，需要适当补饲青干草，每只羊 1.0～1.5 千克/天即可。妊娠和哺乳母羊视膘情补饲玉米等精料 0.2 千克/天即可。

乌珠穆沁羊是做纯种繁育胚胎移植的良好受体羊，后代羔羊体质结实、抗病力强，适应性好。

7. 苏尼特羊有何特性?

（1）主产地　苏尼特羊是蒙古羊的优良类群之一，属粗毛短脂尾型绵羊。中心产区在锡林郭勒盟的苏尼特左旗和苏尼特右旗，其余分布在乌兰察布市的四子王旗、包头市的达尔罕茂明安联合旗和巴彦淖尔市的乌拉特中旗和乌拉特后旗，其他地区亦有数量不等的存在。目前，存栏 220 万只左右。

（2）外貌特征　苏尼特羊体躯宽长，呈长方形，胸深而宽，肋骨开张良好，背腰平直，尻斜，后躯发达，大腿肌肉丰满。被毛颜色多为白色，异质粗毛，被毛长，肤色为粉色。头颈部多为有色毛。皮肤致密而富有弹性，被毛厚密而绒多。头大小适中，略显狭长。额较宽，颈部粗，鼻梁隆起。眼大而突出，多数个体头顶毛发达。母羊角纤细，公羊角粗壮，耳小呈半下垂。公羊颈粗而短，母羊颈相对细而长，公、母羊均无皱褶和肉垂。四肢细长而强健，蹄质坚实呈褐色。短脂尾，尾长一般大于尾宽，有的尾尖卷曲呈 S 形（图 1-16 至图 1-17）。

　图 1-16　苏尼特羊　　　　　图 1-17　苏尼特羊群体

（3）生产性能　6月龄羔羊体重平均达38千克，出肉13千克。成年羯肉胴体重一般在34千克左右，净肉达28千克。成年公羊体重82.2千克，成年母羊体重52.9千克。屠宰率54.3%，净肉率45.3%。产羔率113%。

（4）利用价值　苏尼特羊非常适合在天然草原上常年放牧饲养，耐粗饲、抗逆性强，具有良好的放牧抓膘能力。苏尼特羊不仅体格大，产肉多，鲜嫩多汁，而且有胴体丰满，色泽鲜美，肉层厚实紧凑，瘦肉率高，肌间脂肪分布均匀，富有人体所需各种氨基酸和脂肪酸，容易消化等很多优点，是制作"涮羊肉"的最佳原料。因经常采食丛生禾本科和葱类牧草，使得羊肉肉质细嫩，味美多汁，高蛋白、低脂肪、无膻味，历来是许多饭店羊肉之上等原料。

8. 巴美肉羊有何特性？

（1）主产地　巴美肉羊是内蒙古自治区自主培育的第一个专门化肉用羊新品种，2007年通过国家审定，是利用德国美利奴羊为父本，当地细毛羊及其杂种羊为母本，采取级进杂交的方法培育而成。目前，存栏6万余只，主要产于内蒙古巴彦淖尔市乌拉特前旗、乌拉特中旗、五原县、临河区、杭锦后旗等地及周边地区。

（2）外貌特征　该品种属于肉毛兼用型，体格较大，体质结实，结构匀称，胸部宽而深，背腰平直，体形较长。骨骼粗壮结实，肌肉丰满，呈圆筒形，肉用体型明显。被毛白色，肤色为粉色。头部清秀，形状为三角形，公、母羊均无角，头部至两眼连线覆盖有细毛。颈长短、宽窄适中，无肉垂。四肢坚实有力，蹄质结实。属短瘦尾，呈下垂状（图1-18至图1-19）。

图 1-18　巴美肉羊　　　　　　图 1-19　巴美肉羊群体

（3）生产性能　成年公羊体重平均 101.2 千克，成年母羊体重 60.5 千克。被毛同质白色，闭合良好，密度适中，细度均匀，以 64 支为主，产毛量成年公羊 6.9 千克，成年母羊 4.1 千克，净毛率 48.4%。

巴美肉羊生长发育快，早熟，肉用性能突出。公羔初生重 4.7 千克，母羔 4.3 千克；育成公羊平均体重 71.2 千克，育成母羊 50.8 千克；6 月龄羔羊平均日增重 230 克以上，胴体重 24.9 千克；屠宰率 51.1%。经产母羊可两年三胎，平均产羔率 151.7%。

（4）利用价值　巴美肉羊具有生长发育快、繁殖率高、胴体品质好、耐粗饲等特点，适合广大牧区舍饲、半舍饲饲养，是内蒙古自治区乃至全国肉羊产业的一个优良品种，对于加快肉羊品牌的创立，促进规模化、标准化肉羊生产，提升整个产区羊产品的市场竞争力具有重要的意义。

9. 多浪羊有何特性？

（1）主产地　多浪羊产于新疆喀什地区麦盖提县，主要分布在喀什及周边地区，是利用 1919 年和 1944 年引进的阿富汗瓦格吉尔羊与当地的土种羊进行级进杂交，在当地得天独厚的自然形态环境下，经过几辈人的努力逐渐育成的地方优良品种。

（2）外貌特征　多浪羊体质结实，结构匀称，体大躯长而深，肋骨拱圆，胸深而宽，背腰平直且长，后躯肌肉脂肪发达，十字部较鬐甲略高，前、后躯较丰满，肌肉发育良好。被毛以灰白色为主，深灰色次之。初生羔羊的胎毛全身一色，多为棕褐色，断奶剪毛后毛色开始变化，躯体部位毛色呈灰白色，而头、耳与四肢的颜色保留初生时的褐色或黑棕色。腹毛稀疏而短，被毛分为粗毛型和半粗毛型。头中等大小，鼻梁隆起。耳大下垂，长而宽。公羊绝大多数无角，母羊一般无角。公羊尾大，母羊尾小，尾形有 W 形和 U 形。四肢结实而端正，蹄质坚实。母羊乳房发育良好（图 1 - 20 至图 1 - 22）。

图 1 - 20　多浪羊公羊

图 1 - 21　多浪羊母羊

（3）生产性能　成年公羊体重平均 80 千克，成年母羊体重 40 千克。一般两年产三胎，膘情好的可一年产两胎，双羔率较高，可达 33%，偶有一胎产三羔、四羔的。一只母羊一生可产羔 15 只。产羔率 118%～130%，农区小群饲养繁殖率可达 250% 左右。

图 1 - 22　多浪羊群体

（4）利用价值　该品种具有体格大、生长发育快、早熟、采食能力强、耐粗饲、增膘快、产肉率高、饲料报酬高、繁殖率高等优点。近年来，喀什地区的岳普湖、英吉沙、疏勒、莎车等县和阿勒泰、吐鲁番、伊犁、克孜勒苏柯尔克孜自治州等地州，用多浪羊改良当地的粗毛肉用羊，效果很好。在相同的饲养条件下，多浪羊与当地土种绵羊杂交所得的子一代增重效果明显高于当地土种绵羊子一代，并且提高了当地土种羊的多胎性能。在增加改良羊数量的同时，提高饲养羊的出栏数及养羊的经济收入。

10. 阿勒泰羊有何特性？

（1）主产地　阿勒泰羊中心产区为新疆福海，主要分布在阿勒泰地区福海、富蕴、青河、哈巴河、布尔津、吉木乃以及阿勒泰等地。

（2）外貌特征　阿勒泰羊肉脂兼用体型明显，体质坚实，骨骼健壮，体格大，全身肌肉发育良好。整个体躯宽深，肋骨拱圆，鬐甲十字部平宽，背腰平直。毛色主要为棕褐色，部分个体为花色、纯白或纯黑色。头形、额适中。大多耳大下垂，个别为小耳。公羊鼻梁隆起，母羊鼻梁稍有隆起。约 2/3 的公羊有角，为螺旋形。颈长短适中。四肢高而粗壮，股部肌肉丰满，肢势端正，蹄质坚实。肥臀宽大平直且丰厚，外观呈方圆筒形，大尾外面覆有短而密的毛，内侧无毛，下缘正中有一浅沟将其分成对称的两半。母羊乳房大而发育良好（图 1-23 至图 1-25）。

图 1-23　阿勒泰羊公羊　　　　图 1-24　阿勒泰羊母羊

（3）生产性能　阿勒泰羊生长发育快，适于肥羔生产。4月龄体重公羔 38.9 千克、母羔 36.7 千克。1.5 岁平均体重公羊 70 千克、母羊 55 千克。成年平均体重公羊 92.9 千克、母羊 67.6 千克。成年羯羊屠宰率平均 52.9%，胴体重平均 39.5 千

图 1-25　阿勒泰羊群体

克。阿勒泰羊春、秋各剪毛 1 次，剪毛量平均成年公羊 2 千克，母羊 1.5 千克。产羔率 110.3%。

（4）利用价值　阿勒泰羊属肉脂兼用型绵羊品种，是哈萨克羊的一个优良类群，以体格大、肉脂生产性能高而著称。毛质较差，羊毛主要用于擀毡。

11. 昭乌达肉羊有何特性？

（1）主产地　昭乌达肉羊是内蒙古自治区利用德国美利奴羊为父本，当地敖汉细毛羊及其杂种为母本，采取级进杂交的方法，自主培育而成的专门化肉用羊新品种。目前存栏 55 万余只。

（2）外貌特征　昭乌达肉羊属于肉毛兼用型绵羊，被毛白色，肤色粉色。体格较大，体质结实，结构匀称，骨骼粗壮结实，肌肉丰满，肉用体型明显，呈圆筒状。头部清秀，为三角形。公、母羊均无角，头部至两眼连线有细毛覆盖。颈长短、宽窄适中，无肉垂。胸部宽而深，背腰平直，体形较长。四肢坚实有力，蹄质结实。属短瘦尾，呈下垂状（图 1-26 至图 1-27）。

（3）生产性能　昭乌达肉羊成年种公羊平均体重 95.7 千克，成年母羊平均体重 55.7 千克。6 月龄公羔屠宰后平均胴体重

图 1-26　昭乌达肉羊

图 1-27　昭乌达肉羊群体

18.9 千克，屠宰率为 46.4%，净肉率 76.3%。12 月龄羯羊屠宰后平均胴体重 35.6 千克，屠宰率 49.8%，净肉率 76.9%。初产母羊繁殖率为 126.4%，经产母羊繁殖率为 137.6%。

（4）利用价值　据昭乌达肉羊育种区养殖户统计，牧民养殖昭乌达肉羊效益明显。养殖 1 只昭乌达肉羊母羊，每年可以得到 1.35 只羔羊，产优质羊毛 5 千克，创造价值 615 元，在牧区放牧加补饲条件下，每只母羊饲养成本 300 元，每年获纯效益 315 元。

12. 我国主要山羊品种有哪些?

我国山羊品种是按照生产方向进行分类的，品种资源十分丰富，可划分为下列几类。

（1）普通山羊　如西藏山羊、新疆山羊、太行山羊、建昌黑山羊。

（2）绒用山羊　如辽宁绒山羊、内蒙古绒山羊、河西绒山羊。

（3）裘皮山羊　如中卫山羊。

（4）羔皮山羊　如济宁青山羊。

（5）肉用山羊　如黄淮山羊、陕西白山羊、马头山羊、宜昌白山羊、成都麻羊、板角山羊、贵州白山羊、福清山羊、隆林山羊、雷州山羊、长江三角洲白山羊。

（6）奶用山羊　如关中奶山羊、崂山奶山羊。

13. 南江黄羊有何特性？

（1）主产地　南江黄羊是在四川省南江县通过多品种杂交和长期人工选择培育而成的肉用山羊新品种，主要分布于四川省的南江县、通江县及邻近的地区。南江黄羊饲养方式为放牧或放牧与补饲相结合。

（2）外貌特征　南江黄羊全身被毛黄褐色，毛短富有光泽。颜面黑黄，鼻梁两侧有一对称的浅黄色条纹。公羊颈部及前胸被毛黑黄、粗长。枕部沿背脊有一条黑色毛带，十字部后渐浅。头大小适中，有角或无角。耳较长，微垂，鼻梁微弓。公、母羊均有毛髯，少数羊颈下有肉髯。颈长短适中，颈肩结合良好。前胸深广，肋骨弓张。背腰平直，尻部倾斜适度。四肢粗壮，肢势端正，蹄质坚实。体质结实，结构匀称。体躯略呈圆筒形。公羊额宽、头部雄壮，睾丸大小适中，发育良好。母羊颜面清秀，乳房发育良好（图1-28至图1-30）。

图1-28　南江黄羊公羊

图1-29　南江黄羊母羊

（3）生产性能　南江黄羊平均初生重公羔 2.28 千克、母羔 2.18 千克。周岁体重公羊 35 千克、母羊 28 千克。成年体重公羊 60 千克、母羊 42 千克。母羊常年发情，一般年产二胎，也有两年三胎。经产母羊产羔率 200%。周岁羯羊胴体重 15.5 千克，屠宰率 49%。

图 1-30　南江黄羊群体

（4）利用价值　南江黄羊具有体格大、生长发育快、四季发情、繁殖率高、泌乳力好、抗病力强、耐粗放饲养、适应能力强、产肉力高及板皮质量好的特性。南江黄羊含有努比亚山羊的血液，具有较好的产乳力；板皮质量好，保存了成都麻羊板皮的品质特性。

南江黄羊改良各地山羊效果明显。用南江黄羊改良浙江玉环县山羊，杂种一代羊 6 月龄、周岁体重分别达 18.9 千克、25.5 千克，比本地山羊提高 42.5%、52.1%；改良川东白山羊，杂种一代羊 6 月龄、周岁体重分别达 18.3 千克、32.6 千克，比本地山羊提高 60.9%、89.9%。

14. 马头山羊有何特性？

（1）主产地　马头山羊又名"狗头山羊"，是湖南、湖北两省肉用性能较好的地方品种，主要产于湖北的西北、西南和湖南西部的武陵山、雪峰山山区，中心产区包括湖北的竹山、郧西、房县、神农架、巴东、建始等地和湖南的石门、桑植、芷江、新晃、慈利等县。其中，以竹山的三台、楼台、城关，郧西的关房以及湖南的石门、桑植等地所产数量最多，品质最好。

（2）外貌特征　马头山羊体型较大，全身被毛白色，毛短贴身，无绒毛。皮肤厚而松软，皮下结缔组织发达。公、母羊均有髯，公羊头顶长有一束毛，并逐步伸长，可至眼眶上缘。公、母羊均无角，头大小适中，形似马头。鼻梁平直、巨大，稍向前倾斜，眼大有神。母羊颈较细长，公羊颈较粗短，雄壮，部分羊颈下长有肉垂一对，颈肩结合良好。胸部发达，背腰平直，肋骨开张良好，臀部宽大。部分羊背脊较宽，称为"双脊羊"，外形美观，品质较佳，四肢端正，蹄质坚实，乳房发达，有效乳头两个。尾较短而上翘（图1-31至图1-32）。

图1-31 马头山羊　　　　　　　图1-32 马头山羊群体

（3）生产性能　初生羔羊平均体重1.82千克，最高达2.5千克。成年公母羊体重分别为45～60千克和35～50千克，最高可达60～70千克。在良好放牧并补饲条件下，公羊日增重可达231克，母羊可达192克。屠宰率高，周岁羊为45%，成年羊50%～55%。阉羊平均屠宰率为55.3%，最高达59.3%，净肉率为41.5%。马头山羊性成熟早，繁殖力强，5月龄性成熟，10月龄可配种。年产两胎，第一胎单羔，经产母羊双羔率达到66.7%，三羔率为10.5%，繁殖率最高可达400%左右。种公羊可利用2～4年。

（4）利用价值　马头山羊是江南各省较优的山羊品种，对山区环境适应性强，具有良好的肉用性能，肉色鲜红，肉质细嫩，脂肪分布均匀，为羊肉中的佳品。板皮质量良好，张幅大，平均面积 8 190 厘米^2。在肉羊经济杂交生产中可作为母本，通过引进优良肉羊品种如波尔山羊等进行杂交改良，能取得较理想的生长速度及产肉性能。

15. 成都麻羊有何特性？

（1）主产地　成都麻羊又名"四川铜羊"，是四川省和重庆市肉用性能较好的地方品种，主产于成都市近郊的双流、龙泉、大邑等地，分布于四川盆地西部的成都平原及其邻近的低山丘陵地区，可分为丘陵型和山地型两种类型，丘陵型体格相对较大。

（2）外貌特征　成都麻羊全身被毛呈棕黄色，毛短而富有光泽。单根纤维颜色可分为 3 段，毛尖为黑色，中段为棕黄色，基部为黑灰色。有黑色背线（即从两角基连线中央沿颈椎、脊椎至尾根有一条黑色毛带）和黑色颈带（即沿两侧肩胛经前臂至蹄冠各有一条黑色毛带），两条黑色毛带在鬐甲处交叉构成一明显"十字架"，公羊较宽，母羊较窄。另外，从两角基前端，经内眼沿鼻梁两侧至口角，各有一条上宽下窄的浅黄色毛带，左右对称，形似"画眉鸟"状。腹部毛色比体躯浅，被毛内层着生细密柔软的绒毛，秋季生长，春暖后逐渐脱落。

成都麻羊体格中等，头中等大小，两耳侧伸，额宽而微突，鼻梁平直，公、母羊大多有角和髯，公羊角形粗大，母羊角短小，部分羊颈下有肉垂。体型结构匀称，背腰平直，尻部略斜，四肢粗壮，蹄壳坚实呈黑色。公羊体躯呈长方形，前躯发达，体态雄壮；母羊后躯深广，乳房发育良好，略呈楔形，尾短小上翘（图 1 - 33 至图 1 - 35）。

（3）生产性能　丘陵型周岁公羊体重 27 千克，周岁母羊体重 23 千克，成年公羊体重 43 千克，成年母羊体重 33 千克。山地型周岁公羊体重 18 千克，周岁母羊体重 17 千克，成年公羊体

图 1-33 成都麻羊公羊

图 1-34 成都麻羊母羊

重 37 千克，成年母羊体重 25 千克。丘陵型周岁羯羊宰前活重 26 千克，胴体重 12 千克，屠宰率 46%，胴体净肉率 76%。成年羯羊宰前活重 43 千克，胴体重 21 千克，屠宰率 48%，胴体净肉率 79%。山地型周岁羯羊屠宰率 45%，成年羯羊屠宰率 46%。

图 1-35 成都麻羊群体

成都麻羊板皮致密，张幅大，周岁羊板皮面积 5 000 厘米² 以上，成年羊板皮面积 6500 厘米² 以上，厚薄均匀，弹性好，强度大，质地柔软，耐磨损，是制革的上等原材料。

成都麻羊性成熟早，繁殖能力较强，4~8 月龄开始发情，一般母羊 6~8 月龄，公羊 8~10 月龄开始配种。母羊常年发情，平均年产 1.7 胎，可年产两胎或两年三胎。产羔率 200% 以上。

（4）利用价值　成都麻羊具有生长发育快、早熟、繁殖力高、适应性强、耐湿热、耐粗放饲养、遗传性能稳定等特性，尤以肉质细嫩、味道鲜美、板皮面积大、质地优为显著特点。适合纯繁和用以改良其他山羊品种，现已推广到湖南、湖北、广东、广西、河南、河北、陕西、江西、贵州等地，显示出良好的杂交效果。

16. 黄淮山羊有何特性？

（1）主产地　黄淮山羊包括河南省的槐山羊、安徽省的阜阳山羊和江苏的徐淮山羊，属皮肉兼用型地方山羊品种。产于黄淮平原的广大地区，在河南省周口、商丘地区，安徽及江苏省徐州地区都有养殖。

（2）外貌特征　黄淮山羊有无角和有角两种类型。无角型羊颈长，腿长，身躯长；有角型羊颈短，腿短，体躯短。额宽，鼻直，面部微凹，颌下有髯。胸较深，肋骨开张，背腰平直，身体各部位结构匀称，呈圆筒形。被毛以纯白色为主，也有黑色、青色、棕色和花色。毛短有丝光，绒毛很少。成年公羊、母羊体高平均为 65.9 厘米和 54.3 厘米（图 1 - 36 至图 1 - 37）。

图 1 - 36　黄淮山羊　　　　图 1 - 37　黄淮山羊群体

（3）生产性能　黄淮山羊成年公、母羊体重分别为 35 千克、26 千克。羔羊生长快，9 月龄体重可达成年体重的 90% 左右。在 7～10 月龄屠宰，屠宰率为 49.8%，净肉率为 40.5%。肉质细嫩、膻味小。繁殖力高，3～4 月龄性成熟，半岁后可配种，全年发情，一年产两胎或两年产三胎，产羔率为 239%。

黄淮山羊板皮质量好，在国际市场上享有很高声誉，以秋、冬季节宰杀板皮为最好,其质地致密,韧性大,强度高,分层性能好,每张板皮可分 6～7 层,是我国大宗出口产品。

(4)利用价值 利用引进的波尔山羊,对地方黄淮山羊杂交改良,进行商品肉羊生产,在生产上取得了显著的效果。在江苏地区的利用情况表明:波尔羊和黄淮山羊的杂交一代公、母羊初生、2 月龄、6 月龄、12 月龄体重显著高于本地羊。

17. 云岭黑山羊有何特性?

(1)主产地 云岭黑山羊是肉皮兼用的地方品种。主要分布在云岭一带,是云南省内分布最广、数量最多的地方品种,存栏 600 余万只,占全省山羊存栏量的 70% 左右,是羊肉生产的主体。近几年随着市场化程度的提高,在贵州、四川等省也有一定的饲养数量。

(2)外貌特征 云岭黑山羊色纯黑,体格大,繁殖力高。成年公羊体高 59.2～63.0 厘米,体长 59.4～69.9 厘米。成年母羊体高 56.4～66.1 厘米,体长 57.5～67.0 厘米(图 1-38 至图 1-39)。

图 1-38 云岭黑山羊　　　　图 1-39 云岭黑山羊群体

(3)生产性能 羔羊初生重平均 2.0 千克,3 月龄断乳重 7.1～11.7 千克,6 月龄体重公羔 13.3～14.1 千克、母羔 11.8～

14.1 千克。周岁体重公羊 21.1～22.7 千克、母羊 17.1～20.5 千克。成年体重公羊 31.7～35.2 千克，母羊 27.9～38.2 千克。周岁时屠宰率 42.9%，成年羊屠宰率 47.4%。

云岭山羊具有常年发情的特点，但以秋季为性活动旺期。性成熟早，母羊初情期为 5～6 月龄，初配年龄 7～8 月龄，母羊产羔率 110%～150%，羔羊断乳成活率平均 80%。

（4）利用价值　云岭黑山羊优点是耐粗饲，适应性和抗病力强，善于攀高采食。肉质细嫩、味鲜美。是我国发展肉羊生产或引进肉羊品种杂交的优良母本素材。

18. 常见的绵羊杂交利用技术有哪些？

（1）萨福克—小尾寒羊—滩羊三元杂交技术

① 技术特点　萨福克—小尾寒羊—滩羊三元杂交技术是利用滩羊适应性强、肉质好，小尾寒羊四季发情、产羔率高，萨福克羊生长速度快、产肉性能高的特点，以萨福克为父本，以小尾寒羊和滩羊二元杂种母羊为母本，采用人工授精方法或本交方式进行肉羊改良。

② 成效　通过对萨福克—小尾寒羊—滩羊三元杂交改良后代不同月龄产肉性能、饲养报酬和经济效益对比表明：在相同营养水平和饲养管理条件下，0～3 月龄内，三元杂交羔羊的日增重 288 克，比小尾寒羊—滩羊二元杂交羔羊提高 77.8%，每增重 1 千克比小尾寒羊—滩羊二元杂交羔羊节省精料 1.8 千克。3～6 月龄内，三元杂交羔羊的日增重 221 克，比小尾寒羊—滩羊二元杂交羔羊提高 74.0%，每增重 1 千克比小尾寒羊—滩羊二元杂交羔羊节省精料 3.6 千克。三元杂交羔羊的增重效果和饲料报酬优于小尾寒羊—滩羊二元杂交羔羊，杂交优势明显。舍饲萨福克—小尾寒羊—滩羊三元杂交羔羊 6 月龄出栏屠宰率可达 51.0%，经济效益较好。饲养优质羔羊时，8 月龄前出栏可取得

良好的效果。

（2）无角道赛特、萨福克、特克塞尔等国外优良肉羊品种杂交改良多浪羊

① 技术特点　多浪羊是新疆地区一个优良肉脂兼用型绵羊品种，该品种具有生长发育快，体格较大，肉用性能好，繁殖性能高等优点，但存在前胸和后腿肌肉不丰满，肋骨开张不理想，尾脂肪占胴体的比重大，胴体品质差等缺点。2002年新疆生产建设兵团农三师畜牧兽医工作站以优良肉脂兼用型多浪羊为母本，以国外著名肉羊品种无角道赛特公羊为父本，采用人工授精技术对多浪羊进行杂交改良。

为了提高其经济效益，新疆阿克苏山羊研究中心利用从澳大利亚引进的萨福克和特克塞尔羊对多浪羊进行杂交改良，探索在良好的舍饲条件下，两种杂交组合杂交羊育肥效果及其经济效益，为开展羊的大面积杂交改良提供依据。

② 成效　经过用无角道赛特羊对多浪羊改良，克服多浪羊尾脂过多、四肢过长、肋骨开张不理想等不足，进一步提高多浪羊的出肉率。杂交一代胸围较多浪羊提高9％～10％，胸围指数提高12％以上，日增重较多浪羊提高24％～33％。尤其是多浪羊硕大的尾脂显著减少，仅为本品种尾脂的60％。

通过引进萨福克和特克塞尔羊改良杂交，萨福克羊与多浪羊杂交一代和特克塞尔羊与多浪羊杂交一代在3～6月龄期间育肥，日增重分别比多浪羊提高48.6克和54.1克，提高了31.1％和34.6％。在6～8月龄期间育肥，日增重分别比多浪羊提高41.7克和42.8克，提高了37.6％和38.7％。增重效果显著，获得很好的经济效益。

（3）多浪羊、塔什库尔干羊、萨福克羊三元杂交

① 技术特点　利用地方优良品种多浪羊、塔什库尔干羊和世界著名肉羊品种萨福克羊进行三元杂交。首先用塔什库尔干羊和多浪羊进行杂交，得到杂交一代表现明显的杂种优势，充分表

现出亲本的互补性。多浪羊的早熟、繁殖性能高等优点弥补了塔什库尔干羊的繁殖性能低、晚熟、生长发育慢等缺点；塔什库尔干羊的肉用体型好、抗病力强、耐粗放等优点弥补多浪羊的肉用体型不明显、放牧性能差等缺点。对塔什库尔干羊和多浪羊二元杂种羊再用萨福克羊进行三元杂交，使萨福克羊肉用体型突出，繁殖率、产肉率、日增重高，肉质好的优点得到充分利用，选育出优势明显的三元杂交羊。

② 成效 多浪羊、萨福克羊、塔什库尔干羊三元杂种个体放牧适应性强，抗病力强，肉用体型非常明显，即体格粗大，前胸宽且丰满，背腰平阔，后躯肌肉发达，臀部肥胖，肌肉外突，呈典型圆筒形体躯。体长骨细，产肉率和瘦肉率高。生长发育快，早熟。比地方纯种羊以及杂种羊表现出明显的杂种优势。杂交羔羊体尺体重比本地塔什库尔干羊、多浪羊均有明显提高，克服了多浪羊尾脂过多，四肢过长，肋骨开张不理想等不足，改变了本地品种肉用性能不高，胴体品质差，肉用体型欠佳，生长发育缓慢等缺点。改善了其肉用体型，提高了产肉性能和繁殖性能，增加了经济效益。

③ 案例 在喀什市佰什克热木乡开展多浪羊、塔什库尔干羊和萨福克羊多元杂交试验，通过对多浪羊、塔什库尔干羊、萨福克羊三元杂交后代羔羊的生长发育和产肉性能等进行研究，表明三元杂交羔羊在当地的舍饲适应性，生长发育速度、强度和产肉性能等方面表现出明显的杂种优势。杂交一代羔羊 6 月龄平均体重达到 42.3 千克，比同龄土种羔羊高 6.3 千克，而且其瘦肉率高，胴体品质好。经过短期育肥的 6 月龄杂种羔羊胴体重、净肉率、屠宰率分别比土种羔羊提高了 6.1 千克、3.1% 和 7.5%；后腿净肉增加 1.7 千克，提高了 32.1%。1 只改良杂交羔羊的胴体重比当地土种羊提高 6.1 千克，按市场 50 元/千克计算，1 只羊就可以增加效益 307.5 元。喀什市绵羊存栏数 23 万只，如果将其全部改良，可增加经济效益 6 150 万元。

（4）阿勒泰羊杂交改良和田羊

① 技术特点　阿勒泰羊是大型的肉羊品种，以生长发育快、体格大、抓膘能力强、肉脂生产性能高而著称。和田羊体格小、生长慢、产肉量低。以和田羊为母本，以阿勒泰羊为父本，进行杂交改良，提高和田羊的生产水平。

② 成效　利用阿勒泰种公羊杂交改良和田羊，取得了显著的效果。所产杂交羊的初生重、成年体重、屠宰率、繁殖率均较和田羊有较大提高。

③ 案例　新疆生产建设兵团农十四师四十七团于 20 世纪 90 年代初引进阿勒泰种公羊与当地土种绵羊和田羊在塔里木盆地南缘进行了杂交改良，取得了显著的效果。杂交公羔初生重、4 月龄体重分别比本地羊提高 54.5%、48.7%，母羔的初生重、4 月龄体重分别比本地羊提高 45.1%、50.0%。杂交羔羊育肥后屠宰率 51.0%，而本地土种羊为 38.0%。杂交羊胴体肥瘦适中，色泽纯正，膻味小，多汁鲜嫩，深受消费者喜爱。杂交后代母羊繁殖率可达 150%，比本地羊高近 50 个百分点。有 15%～20% 的经产母羊产双羔，一般两年三胎，甚至一年两胎。

19.　为什么近亲繁殖能造成品种"退化"？

（1）含义　近亲繁殖即近交，是指亲缘关系较近的个体间交配。近交是育种工作的一种措施，有其特殊的用途，可用来固定优良性状，保持优良个体的血统，提高羊群的同质性，揭露有害基因。然而，滥用或使用不当，会出现近交衰退现象。

所谓近交衰退，是指由于亲缘关系较近的个体间交配，繁殖的后代在生理活动、繁殖性能及与适应性有关的形状，都有不同程度的降低。具体表现是繁殖力减退，遗传疾病增加，生活力下降，适应性变差，体质减弱，生长发育缓慢，生产力低下，死胎和畸形增多。近交衰退的程度随近交程度而有差异。

(2) 原因 生活力学说认为，近交时由于两性细胞的差异减小，后代的生活力减弱。基因学说认为，近交使基因结合，减少了基因互作种类，使基因的非加性效应（显性效应和上位效应）减少，同时隐性有害基因纯合而表现出有害性状。从生理角度看，衰退是由于近交后代生理机能差，内分泌不平衡，激素、酶类或其他蛋白质代谢异常所致。近交衰退的有害性，人所共知，因此，一般繁殖场和商品肉羊场，应避免近交。

20. 我国引进的肉羊品种有哪些？

我国引进的肉羊品种主要有杜泊羊、萨福克羊、德国肉用美利奴羊、南非肉用美利奴羊及波尔山羊。下面分别进行介绍。

(1) 杜泊羊

① 品种特性 杜泊羊是由有角道赛特羊和波斯黑头羊杂交育成，最初在南非较干旱的地区进行繁育和饲养，因其适应性强，早期生长发育快，胴体品质好而闻名于世。杜泊羊分为白头和黑头 2 种，体躯呈独特的圆筒状。体躯上为短而稀的浅色毛，主要在前半部，腹部有明显干死毛。头上有短、暗黑毛或白毛，无角。杜泊羊适应性强，对南非不同的气候条件都有很好适应。采食性广，不挑食，能够很好地利用低品质牧草。在干旱和半干旱热带地区生长健壮，适应的降水量为 100～760 毫米。抗病力强。能够自动脱毛是杜泊羊的明显特征。

杜泊羊不受季节限制，可常年繁殖，母羊产羔率 150% 以上。产奶量高，母性好，能很好哺乳多胎后代。具有早期放牧能力，生长速度快，3.5～4 月龄羔羊，活重达 36 千克，胴体重 16 千克左右。肉中脂肪分布均匀，为高品质胴体。虽然杜泊羊体高中等，但体躯较大，成年公羊和母羊体重分别在 120 千克和 85 千克左右（图 1-40 至图 1-42）。

图1-40 白头杜泊羊

图1-41 黑头杜泊羊

② 利用情况 下面以杜泊羊改良蒙古羊为例进行介绍。

技术特点：利用粗毛型杜泊羊杂交改良蒙古羊，杂种一代在外貌类型基本一致的前提下，表现出很好的生产性能和适应性，效果明显。

案例与成效：自2004年以来，锡林郭勒盟为提高蒙古羊

图1-42 杜泊羊群体

的产肉性能，增加农牧民收入，引进原产于南非的肉用品种杜泊种公羊与当地蒙古羊进行经济杂交。通过多年工作，使蒙古羊的产肉性能及其他生产指标得到明显提高。在锡林郭勒盟半干旱草原放牧饲养条件下，利用杜泊羊杂交蒙古羊，其杂交后代较好地保持了蒙古羊的体形外貌特征，且无花羔产生（花羔比例不足2%）。初生重大，生长快，肉用体型明显，初生重和日增重平均高于蒙古羊35克和37克，杂一代羔羊宰前活重、胴体重和净肉重比蒙古羊羔羊高8.3千克、4.6千克和3.6千克。杂交后瘦肉比例明显提高，较蒙古羊羔羊提高5.8个百分点。皮张质量有所提高，杂交羔羊皮张厚度、密度均优于蒙古羔羊。经济效益明显增加，杂交羔羊的净肉重较同等条件下的蒙古羊羔羊提高了3.6千克，按1千克羊肉50元计算，一个

羊单位增加收入 179.5 元。

（2）萨福克羊

① 品种特性　萨福克羊原产于英国东南的萨福克、诺福克、剑桥和埃塞克斯等地，系大型肉用品种。萨福克羊是 19 世纪初期，以南丘羊为父本，以当地体型大、瘦肉率高的黑脸有角诺福克羊为母本杂交培育出来的品种。在英国、美国是用作终端杂交的主要公羊。

萨福克羊体格大，头短而宽，鼻梁隆起，耳大，公、母羊均无角，颈长、深且宽厚，胸宽，背、腰和臀部长宽而平。肌肉丰满，后躯发育良好。体躯主要部位被毛白色，头和四肢为黑色，毛丛间含有色纤维，纺织价值低。四肢粗壮结实。

萨福克羊生长发育快，平均日增重 250～300 克，3 月龄羔羊胴体重达 17 千克，肉嫩脂少。成年公羊体重 100～136 千克，成年母羊体重 70～96 千克。剪毛量成年公羊 5～6 千克，成年母羊 2.5～3.6 千克。毛长 7～8 厘米，细度 50～58 支，净毛率 60% 左右。产羔率 141.7%～157.7%。产肉性能好，经育肥的 4 月龄公羔胴体重 24.2 千克，4 月龄母羔胴体重 19.7 千克。瘦肉率高，是生产大胴体和优质羔羊肉的理想品种。美国、英国、澳大利亚等国都将该品种作为生产肉羔的终端父本品种（图 1-43 至图 1-45）。

图 1-43　萨福克公羊

图 1-44　萨福克母羊

② 利用情况　用萨福克羊杂交改良藏羊，在同等的饲养管理条件下，杂交一代羊生长发育快，适应性强，获得了明显的杂种优势。在青藏高原严酷的生态环境全天放牧无补饲条件下，8月龄活重比藏羊重 8 千克，体高、体长、胸围、胸深、胸宽和尻宽均显著大于藏羊，具有父本

图 1-45　萨福克羊群体

明显的肉用性能特点，同时，又保持了母本藏羊对高寒严酷环境的适应性。在高寒牧区，每年青草期只有 4～5 个月，用萨福克羊改良藏羊，充分利用杂种优势，有效利用青草期牧草丰盛的特点，开展季节性规模化肉羊生产，在入冬前集中屠宰上市，加快了羊群周转和出栏率，减少越冬牲畜数量和冬、春牲畜损亡，减轻了冬、春草场压力，缓解了草畜矛盾，有利于恢复和改良草地植被，改善草地生态环境，促进该区畜牧业的可持续发展。

利用萨福克羊杂交改良青海半细毛羊，改良后代羔羊的增重速度、胴体重、肉品质、饲料转化率均有所提高。既发挥了青海半细毛羊适应性强、耐寒、耐粗饲的优势，也改进了青海半细毛羊体躯不丰满、胴体形状欠佳、个体产肉量低的缺陷。

（3）德国肉用美利奴羊　德国肉羊美利奴是世界上大型的肉毛兼用型细毛羊品种，原产于德国，1995 年引进我国。该羊性情温驯，食性广泛，采草性能好，对粗饲料消化能力强，抗逆性较强，尤其具有成熟早、发育快、肉质好、繁殖率高等优良性能。

体型宽大，鼻梁平直，面部略有隆起，耳适中横立。体躯宽长，呈长方形，胸部宽深且肌肉丰满，四肢端正而结实，背腰部宽平而紧凑。后躯宽深肌肉发达，呈倒 U 形。公、母羊均无角，皮肤无皱褶。

被毛为白色同质毛，闭合良好，密度适中。被毛从头部至两眼连线，光脸，前肢至腕关节及后肢至飞节均有细毛覆盖。公羊毛长为 8～10 厘米，母羊毛长为 6～8 厘米，羊毛细度 60～66 支，弯曲明显，匀度较好，油汗白色或乳白色，且含量适中。成年公羊剪毛量 10.0～11.5 千克，母羊 4.5～5.0 千克，净毛率 45%～52%。

成年公羊体重 100～140 千克，母羊 65～80 千克。5～6 月龄体重 40～45 千克，胴体重 18～22 千克，屠宰率 47%～49%，胴体净肉率 80%。经产母羊产羔率 150%（图 1-46 至图 1-47）。

图 1-46　德国肉用美利奴羊　　　图 1-47　德国肉用美利奴羊群体

（4）南非肉用美利奴羊

① 品种特性　南非肉用美利奴羊原产于南非，系南非于 20 世纪 30 年代引入德国肉用美利奴羊，按照南非农业部选种方案育成，1971 年被承认。现分布于澳大利亚、新西兰和美洲一些国家和地区。

南非肉用美利奴羊具有早熟，毛质优良，胴体产量高和繁殖力强的特性，是新型肉毛兼用品种。公、母羊均无角，被毛白色，同质，不含死毛。体大宽深，臀部宽广，腿粗壮坚实，生长速度快，产肉性能好。

主要用于生产羔羊肉，100 日龄羔羊体重可达 35 千克。成年公羊体重 100～110 千克，成年母羊体重 70～80 千克。剪毛量公羊 5 千克、母羊 4 千克，细度 64 支。母羊 9 月龄性成熟，平均产羔率 150％。有良好的放牧习性。

② 利用情况　以南非肉用美利奴羊改良东北细毛羊选育肉毛兼用羊为例。

技术特点：利用东北细毛羊母本群体，保留其抗逆性强、耐粗饲、肉质好的特点，利用小尾寒羊高繁殖力的优点，以东北细毛羊和东北细毛羊与小尾寒羊杂交种后代为母本，以南非肉用美利奴羊为父本进行杂交选育。经比较试验，确定在杂交二代基础上，选择理想型个体进行横交固定，以提高个体产肉性能和繁殖性状作为主要目标性状，着力提高肉用性能，进行选育。

成效：吉林省松原市某种羊场利用南非肉用美利奴改良东北细毛羊选育肉毛兼用羊技术，选育出优质型肉毛兼用羊和高繁殖率肉毛兼用羊，核心群基础母羊群各 300 只，建立扩繁群基础母羊各 1 000 只，生产群基础母羊各 10 000 只。优质型肉毛兼用羊产羔繁殖率 120％～150％，羊毛细度 66 支。高繁殖率肉毛兼用羊繁殖率 180％～200％，羊毛细度 60 支。持续育肥羊日增重 350 克，屠宰率 55％～60％，净肉率 45％。

（5）波尔山羊

① 品种特性　波尔山羊原产于南非，是世界上著名的肉用山羊品种，现分布于新西兰、澳大利亚、美国、德国、加拿大、中国等国家。波尔山羊分为 5 个类型，即普通型、长毛型、无角型、土种型和改良型。世界各国引种的波尔山羊为改良型。

波尔山羊全身皮肤松软，颈部和胸部有较多的皱褶，尤以公羊为多。眼睑和无毛部分有色斑。全身毛细而短，有光泽，有少量绒毛。头颈部和耳棕红色。额到唇端有一条白色毛带。体躯、胸部、腹部与前肢为白色，有的羊有棕红色斑。额部突出，鼻呈鹰钩状，角坚实且长度适中，耳宽下垂，背腰平直，胸宽深，四肢粗壮。公羊体态雄壮，睾丸发育良好。母羊外貌清秀，乳房发育良好。

波尔山羊初配年龄 10 月龄以上，发情周期 19～21 天，妊娠期 144～153 天，母羊产羔率初产 150％，经产 190％～200％。常年发情，一年两胎或两年三胎。初生体重公羔 4.15 千克，母羔 3.65 千克。12～18 月龄体重公羊 45～70 千克，母羊 40～55 千克。成年体重公羊 80～100 千克，母羊 60～75 千克。波尔山羊平均屠宰率 48.3％，最高可达 56.2％（图 1-48 至图 1-49）。

图 1-48　波尔山羊公羊　　　　图 1-49　波尔山羊群体

② 利用情况　用波尔山羊、南江黄羊、努比羊与四川本地山羊进行经济杂交和三元杂交，试验表明，波尔山羊改良效果明显。杂交一代羊经过 90 天补饲，只均增加经济效益 63.2 元，比同期本地羊增加 31.1 元。波尔山羊、南江黄羊和本地山羊三元杂交后代 8 月龄胴体重 17.6 千克，比南江黄羊和本地山羊杂交后代胴体重增加 5.5 千克，提高 45.9％。比本地羊胴体重增加 8.8 千克，提高 101.2％。屠宰率达 50.6％，比南江黄羊和本地山羊杂交后代、本地山羊分别提高 2.1 个百分点和 3.4 个百分点。8 月龄胴体重比二元杂交羊提高 5.53 千克。

波尔山羊改良本地山羊：用波尔山羊改良四川简阳大耳羊、仁寿本地山羊、川中黑山羊、南充黑山羊的效果显著。杂种一代羊 6 月龄公羊体重达 27.3～30.7 千克，比本地公羊提高 44.2％～94.4％；母羊体重达 22.0～27.1 千克，比本地母羊提高 36.5％～117.9％。

21. 现阶段肉羊业存在的主要问题有哪些?

近年来，随着人民生活水平的提高和肉食结构变化，国内外市场对羊肉的需求日益增加。加入 WTO 后，我国的羊肉产品直接参与国际竞争，为肉羊业的发展创造了巨大的空间，但与此同时也带来巨大的挑战。由于关税的降低，进口羊肉已经开始涌入我国市场，而且正在以质优味美等优点吸引大量消费者，冲击我国肉羊业的发展。如何引导我国肉羊产业向高产、优质、高效、低耗的可持续方向发展，提高产品市场竞争力，已成为政府有关部门和科技工作者必须面对和解决的问题。目前我国绵羊、山羊总数 3 亿只以上，居世界第一位，有着良好的发展基础。虽然我国肉羊业近年来发展很快，但也存在着一些亟待解决的问题，值得我们认真思考研究。

目前我国肉羊业存在的主要问题如下：

（1）肉羊品种问题　目前为止，我国尚未培育出一个公认的专门化肉羊品种。国内一些产肉性能较好的品种仍与国外品种有较大的差距，主要表现在生长发育速度、早熟性、肉的品质和繁殖性能等方面。为此，农业部提出了肉羊优势区划发展规划，确定了中原及河北农区肉羊、西北肉羊、西南肉羊及内蒙古中东部肉羊四个优势区域，将推动我国肉羊产业有序发展。

（2）生产体系建设问题　规模化、产业化的肉羊生产体系尚未建立，影响了科研成果和实用技术的应用。目前我国大多数产区还是小规模粗放饲养、自交繁育，致使品种退化。推进肉羊生产体系建设，改善羊群质量、加强科学管理、提高羔羊生产性能和产肉率势在必行。

（3）盲目引种，混乱杂交问题　品种利用混乱，缺乏合理长远规划，混乱杂交问题严重，造成羊群的质量严重下降。我国引入的新品种仅有少数在企业和科研单位进行繁育提纯，而大多数都直接流入市场，品种质量和杂交效果又无法进行监测；另外，引入的肉羊品种，由于没有系统的技术指导，养羊户还不能确立科学的杂交组合，形成乱交乱配的混乱局面，甚至出现近交，不但没有提高羊的生产性能，反而使羊的质量和性能下降。

我国地方品种本身也具有独特的优良特性；另外，有些品种是国家花大量资金，经科研工作者多年精心培育出的适合我国条件的优良品种，如中国美利奴羊、东北细毛羊等。对这些地方品种，我们要保种和有计划地进行改良，提高本品种的经济性状，科学地、有计划地利用杂交进行选育，生产优质羔羊，不能无目的杂交，否则将破坏原有的优良基因库，使多年的育种成果和科研工作者的多年心血付之东流。

（4）饲养管理体系建设问题　我国养羊业大多处于靠天养畜状态，夏、秋季节水草丰美则牛、羊肥壮，冬、春地干草枯则牛、羊瘦弱。而且我国草原由于过度放牧，长期超载，致使草场"三化"严重。不合理的营养状况严重地阻碍了羔羊的生长发育，也极大地影响羊肉的产量和品质。在农区舍饲的羊，状况也不容乐观。有的地区缺少饲料制作技术，青、黄贮技术还不普及，有的地区因饲喂饲料单一，造成妊娠母羊大量流产、羔羊发生白肌病、初生重小等营养性疾病。

（5）科学研究滞后生产问题　科学研究滞后生产，阻碍了该产业全面、稳定的发展。国家对肉羊研究方面投资力度较小。就目前情况看，肉羊相关研究如肉羊品种培育、杂交技术体系、繁育技术、饲喂技术、规模化饲养技术明显滞后，没有起到科技先行之目的，影响了肉羊产业化的发展。

二、肉羊繁殖技术

22. 什么是肉羊诱导发情集中配种技术?

(1) 概述　在标准化全舍饲状态下，母羊空怀时多养殖一天就会多增加一天的生产成本，若能让母羊及时发情配种投入生产，则可节省母羊空怀期的饲养管理费用。同时，在放牧状态下，母羊发情不整齐或不一致，会导致配种和产羔期较长，不利于集中人力物力投入配种和接羔工作。而且自然发情配种后母羊产羔间隔时间较长，也不利于商品肉羊的批量化生产。因此，在肉羊生产中，应提倡诱导发情集中配种技术。

诱导发情是在母羊乏情期内，人为地应用外源激素（如促性腺激素、溶黄体激素）和某些生理活性物质（如初乳）及环境条件的刺激等方法，促使母羊的卵巢机能由静止状态转变为性机能活跃状态，从而使母羊恢复正常的发情、排卵，并进行配种的繁殖技术。诱导发情技术可以打破母羊季节性繁殖规律，控制母羊的发情时间，缩短繁殖周期，增加胎次和产羔数，使母羊年产后代增多，提高母羊的繁殖力。该技术还可以调整母羊的产羔季节，可以使肉羊按计划出栏，按市场需求供应羊肉产品，从而提高经济效益。因诱导发情可使母羊在计划内的时间发情，所以应根据母羊生长状况，确定适宜的配种计划，避免因配种措施不当而引起的不良后果。

目前，在养羊生产中，诱导发情基本上采用激素调控的方法来人为控制和调整母羊自然的发情周期，使一群母羊中的绝大多数能按计划在几天时间内集中发情、集中配种，以缩短配种季节，节省人力物力。同时，又因配种同期化，给以后的分娩产羔、羊群周转以及商品羊的成批生产等一系列的组织管理带来方便，适应了现代肉羊集约化生产或工厂化生产的要求。但在生产上使用该技术需要注意的是，单纯给母羊注射雌激素，如雌二醇、雌酮、雌三醇等，虽然也可以诱导乏情母羊出现发情表现，但不能使其排卵。对于黄体持久不消，抑制卵泡发育而表现乏情的母羊，可注射氯前列烯醇溶解持久黄体，使黄体停止分泌孕酮，为卵泡发育创造条件，诱导母羊恢复发情和排卵。

在养羊生产中，适宜进行人工诱导发情的母羊范围较广，包括断奶后的空怀母羊、达到体成熟适宜配种但还未发情的母羊、长期乏情或有一定生殖障碍的母羊都可采用人工诱导发情技术。

（2）技术特点

① 肉羊诱导发情方法　在母羊乏情季节，使用外源生殖激素，可诱导母羊发情，使母羊提前配种受孕，从而缩短母羊产羔间隔。对于季节性或生理性乏情的母羊，可用孕马血清促性腺激素（PMSG）结合孕激素激发乏情母羊卵巢的机能。方法是母羊生殖道内埋置孕激素海绵栓或孕酮硅胶栓（CIDR），绵羊和山羊分别于 12～14 天、15～18 天撤栓并肌内注射 PMSG 200～300 国际单位，于撤栓的同时肌内注射氯前列烯醇 0.05 毫克，一般都可达到理想的诱导发情处理效果。

② 发情母羊的集中配种　母羊发情后可采用人工授精法进行大群配种，有利于羊群的繁殖生产管理，同时也有利于羊群遗传改良工作的实施。

（3）成效　目前，在养羊生产中，用上述诱导方法处理羊群时，处理母羊发情率一般可达 80％以上。对较大母羊群体进行诱导发情处理，撤栓后 24～48 小时内母羊的同期发情率一般也可达 85％以上。

（4）案例　国家肉羊产业技术体系昆明综合试验站对饲养的努比亚山羊种羊进行诱导发情处理集中配种，母羊的发情率均在 90％以上，平均产羔率提高 60％，现已形成种羊批量化生产模式。试验站的大部分示范场都已采用人工诱导发情集中配种技术，该技术对提高经济效益有显著效果。

云南省种羊场对 138 只长期不发情或多次配种但不受孕的种用山羊通过诱导发情处理后，44 只母羊妊娠并获得 66 只断奶羔羊，通过诱导发情获得了一定数量可以重新进行繁殖利用的母羊，增加了生产效益。另外，从云南省近十多年来累计对近万只羊进行的诱导发情处理效果来看，发情率均在 80% 以上，产羔率可提高 20%～80%。

23. 如何进行肉羊人工授精技术的操作？

（1）概述　人工授精技术是利用器械，采取公羊的精液，经过精液品质检查和一系列处理，再将精液输入发情母羊生殖道内，达到母羊受胎的配种方式。

（2）肉羊人工授精技术的优越性　羊的人工授精是近代畜牧科学技术的重大成就之一，是当前我国养羊生产中常用的技术与措施，与自然交配相比有以下优点。

① 扩大优良种公羊的利用率　在自然交配时，公羊一次射精只能配一只母羊，如果采用人工授精的方法，由于输精量少和精液可以稀释，公羊的一次射精量，一般可供几只或几十只母羊的受精之用。因此，应用人工授精方法，不但可以增加公羊配种的数量，而且还可以充分发挥优良公羊的作用，迅速提高羊群质量。

② 可以提高母羊的受胎率　采用人工授精的方法，由于将精液完全输送到母羊的子宫颈或子宫颈口，增加了精子与卵子结合的机会，同时也解决了母羊因阴道疾病或子宫颈位置不正等所引起的不孕；再者，由于精液品质经过检查，避免了因精液品质不良造成的空怀。因此，采用人工授精可以提高受胎率。

③ 可以节省饲养大量种公羊的费用　例如，有适龄母羊

3 000 只，如果采用自然交配方法，至少需要购买种公羊 100 只左右；而如果采用人工授精方法，在我国目前的条件下，只需购买 10 只左右即可，这样就节省了大量的购买种公羊及种公羊的饲养管理费用。

④ 可以减少疾病的传播　在自然交配过程中，由于羊体和生殖器官的相互接触，就有可能把某些传染性疾病和生殖器官疾病传播开来。采用人工授精方法，公、母羊不直接接触，器械经过严格消毒，这样就可大大减少疾病传播的机会。

⑤ 异地配种，减少引种费用　由于现代科学技术的发展，公羊的精液可以长期保存和远距离输送，因此，对于进一步发挥优秀种公羊的作用，迅速改造低产养羊业的状况将有着重要的作用。

(3) 肉羊人工授精技术的组织

① 站址的选择及房舍设备　人工授精站的站址，一般应选择在母羊分布密度大，水草条件好，有足够的放牧地，交通方便，无传染病，地势较平坦，避风向阳而排水良好的地方。

人工授精站需要有一定数量和一定规格的房屋和羊舍。房屋主要是采精室、精液处理室和输精室；羊舍主要是种公羊舍、试情公羊舍及试情圈等。在有条件的羊场、乡村专业户，还应考虑修建工作人员住房及库房等建筑。

采精室、精液处理室和输精室要求光线充足，地面坚实，以便清洁和减少尘土飞扬，空气要新鲜，并且互相连接，以方便工作，室温要求保持在 18～25 ℃。面积：采精室 12～20 米^2，精液处理室 8～12 米^2，输精室 20～30 米^2。

种公羊舍要求地面干燥、光线充足，有结实而简单的门栏，有补饲用的草架和饲料槽。

总之，一切建筑既要有利于操作，又要因地制宜，力求做到科学、经济和实用。

② 器械药品的准备　人工授精所需的各种器械，如假阴道

内胎、假阴道外壳、输精器、集精杯等，以及常用的各种兽医药品和消毒药品，要按授精站的规模和承担的任务，事前做好充足的准备。

③ 公、母羊的准备与管理

种公羊：配种前 1～1.5 个月，对参加配种的公羊，应指定有关技术人员对其精液品质进行检查。在配种开始以前，每只公羊至少要采排精液 15～20 次，开始每天可采排精液一次，后期每隔一天采排精液一次，每次采得的精液都应进行品质检查。

试情公羊：由于母羊发情症状不明显，发情持续期短，漏配一次就会耽误配种时间至少半个月。因此，在人工授精工作中必须用试情公羊每天从大群母羊中找出发情母羊适时进行配种，所以试情公羊的作用不能低估。选作试情公羊的个体必须是体质结实，健康无病，行动灵活，性欲旺盛，生产性能良好，年龄在 2～5 岁。试情公羊的数量一般为参加配种母羊数的 2%～5%。

母羊：凡确定参加人工授精的母羊，要单独组群，认真管理，防止公、母羊偷配。在配种开始前 5～7 天，应进入授精站范围内的待配母羊舍；在配种前和配种期，要加强饲养管理，使羊只吃饱喝足和休息好，做到满膘配种。

④ 试情　每天清晨（或早晚各一次），将试情公羊赶入待配母羊群中进行试情，凡愿意与公羊接近，并接受公羊爬跨的母羊即认为是发情羊，应及时将其捕捉并送至发情母羊圈中。有的处女羊发情征状表现不明显，虽然有时与公羊接近，但又拒绝接受爬跨，这种情况也应将羊捕捉，然后辅之以阴道检查判定。

⑤ 采精

消毒：凡是人工授精使用的器械，都必须经过严格的消毒。在消毒以前，应将器械洗净擦干，然后按器械的性质、种类分别封装。

采精前假阴道的准备：

A. 假阴道的安装和消毒　首先检查所用的内胎有无损坏和

沙眼，确保完整无损后放入开水中浸泡 3~5 分钟。新内胎或久未使用的内胎，必须用热肥皂水或洗衣粉刷洗干净，擦干，然后进行安装。

B. 灌注温水 左手握住假阴道的中部，右手用量杯或吸水球将温水从灌水孔灌入，水温 50~55 ℃，以采精时假阴道温度达 40~42 ℃为目的。

C. 涂抹滑剂 用消毒玻璃棒取少量凡士林，由内向外涂抹均匀一薄层，涂抹深度以假阴道长度的一半为宜。

D. 检温、吹气加压 从气嘴吹气，用消毒的温度计插入假阴道检查温度。当温度适宜时吹气加压，使涂凡士林一端的内胎壁遇合，口部呈三角形为宜。最后用纱布盖好入口，准备采精。

采精的方法和步骤：

A. 采精场地 首先要有固定的采精场所，以便使公羊建立交配的条件反射，如果在露天采精，则采精的场地应当避风、平坦，并且要防止尘土飞扬。采精时保持环境安静。

B. 台羊的准备 对公羊来说，台羊（母羊）是重要的性刺激物，是用假阴道采精的必要条件。台羊应选择健康的、体格大小与公羊相似的发情母羊。用不发情的母羊作为台羊不能引起公羊性欲时，可先用发情母羊训练数次即可。在采精时，须先将台羊固定在采精架上。如用假母羊作台羊，须先经过训练，即先用真母羊为台羊，采精数次，再改为假母羊为台羊。假母羊是用木料制成的木架，架内填上适量的麦草或稻草，上面覆盖一张羊皮并使其固定。

C. 公羊的牵引 牵引公羊到采精现场后，不要使它立即爬跨台羊，要控制几分钟，再让它爬跨，这样不仅可增强其性反射，也可提高所采集精液的质量。公羊阴茎包皮周围部分，如有长毛应事先剪短，如有污物应擦洗干净。

D. 采精技术 采精人员用右手握住假阴道后端，固定好集精杯，并将气嘴活塞朝下，蹲在台羊的右后侧，让假阴道靠近公羊的臀部，当公羊跨上母羊背的同时，迅速将公羊的阴茎导入假阴道内，切忌用手抓碰摩擦阴茎。若假阴道内的温度、压力、润滑度适宜，当公羊后驱急速向前用力一冲，即已射精，此时，顺公羊动作向后移下假阴道，并迅速将假阴道竖起，集精杯一端向下，然后打开活塞上的气嘴，放出空气，取下集精杯，用盖盖好送精液处理室待检。

采精后用具的清理：倒出假阴道内的温水，将假阴道、集精杯放在热水中用洗衣粉充分洗涤，然后用温水冲洗干净、擦干，待用。

⑥ 精液品质检查　精液品质的检查，是保证受精效果的一项重要措施。主要检查的项目如下：射精量、色泽、精液的气味、云雾状、活力与密度。

⑦ 精液稀释及保存

A. 精液稀释的目的　增加精液容量和扩大配种母羊的头数；延长精子的存活时间，提高受胎率；有利于精液的保存和运输。

B. 几种常用的稀释液　为增加精液容量而进行稀释时，可用以下 2 种稀释液：0.9％氯化钠溶液、乳汁稀释液。

C. 精液的保存　精液保存有以下方法：常温保存、低温保存和冷冻保存。

⑧ 输精　在羊人工授精的实际工作中，由于母羊发情持续时间短，再者很难准确地掌握发情开始时间，所以当天抓出的发情母羊就在当天配种 1～2 次（若每天配一次时在上午配，配两次时上、下午各配一次），如果第二天继续发情，则可再配。

24. 如何进行精液的冷冻与保存？

（1）冷冻精液的重要意义和作用

① 提高优良种公羊的利用率。制作冷冻精液可使一只优秀

种公羊年产 8 000 头份以上可供授精用的颗粒冻精，或可生产 0.25 毫升型细管冻精 10 000 枚以上。

② 不受地域限制，充分发挥优秀种公羊的作用。由于优秀种公羊的精液在超低温下保存，就可将其运送到任何一个地方为母羊输精，这样就不需要再从异地引种公羊。

③ 不受种公羊生命的限制，即使优秀公羊死亡，仍可用它生前保存下来的精液输精，产生后代。这样就可以把最优良或最有育种价值的羊种遗传资源长期保存下来，随时可以取用，这对绵羊、山羊的遗传育种和保种工作具有重大的科学价值。

④ 可以同时配许多母羊，便于早期对后备公羊进行后裔鉴定。

⑤ 节省大批因引进种公羊和种公羊的饲养管理所花销的费用，降低成本，提高经济效益。

但是，羊的冷冻精液，特别是绵羊的冷冻精液，还有许多相关理论、技术和方法等方面的问题至今没有很好解决。因此，与使用鲜精相比，受胎率还有一定的差距。

（2）精液冷冻保存的原理 采用液氮（−196 ℃）或干冰（−79 ℃）保存精液，即在超低温环境下，使精子的活动停止，处于休眠状态，代谢也几乎停止，从而延长精子的存活时间。

低温环境对精子细胞的危害主要表现在细胞内外冰晶形成，从而改变了细胞膜的渗透压环境，使细胞膜蛋白质和精细胞的顶体结构受损伤。同时冰晶的形成和移动会对精子及其细胞膜结构造成机械破坏。在一般条件下，冷冻不可避免地要形成冰晶，因此冷冻精液成败的关键取决于冰晶的大小。只要避免对生物细胞足以造成物理伤害的大冰晶的形成，并稳定在微晶状态，则会使细胞得到保护。精子在低温环境下，形成冰晶的危险区为 −79～15 ℃。因此，在制作和解冻冷冻精液时，均须快速降温和升温，使其快速地通过危险温度区域而不形成冰晶。

目前，绵羊、山羊精液冷冻技术已较为成熟，并已经进入生产应用阶段。

（3）冷冻精液的制作过程

① 精液的稀释和降温　为了防止对精子产生的低温打击，应将采出的精液立即用含有牛奶或卵黄的稀释液稀释。使用30 ℃以上与精液温度相等的稀释液，经1～2小时缓慢降低温度，最后到4～5 ℃。用于冷冻精液的稀释液一般由低温保护剂卵黄、奶类、冷冻防护剂甘油、二甲基亚砜，维持渗透压和酸碱度的糖类、柠檬酸钠，抗生素类及其他添加剂等组成。

精液稀释方法有两种：

A. 一次稀释法　即按稀释精液的要求，将含有甘油抗冻剂的稀释液按一定比例一次加入精液内。

B. 二次稀释法　即将精液在等温条件下，立即用不含甘油的第一稀释液稀释至精液最后总量的一半，经1～2小时缓慢降温至4～5 ℃后，再加入等温的含甘油的第二稀释液，加入的量等于第一次稀释后的精液量。

② 稀释精液的平衡　精液经含甘油的稀释液稀释后，须在原温度（通常在5 ℃左右）下放置一段时间，使甘油充分渗透，进入精子细胞内，从而在冷冻过程中产生抗冻保护作用。甘油稀释液对精液作用的时间称为平衡，时间为2～3小时。平衡后才可进行精液分装。

③ 精液的分装和冷冻　凡需要保存的精液都必须分装。羊的冷冻精液分装通常采用颗粒型、细管型和安瓿型3种。

A. 颗粒型　将平衡后的精液直接滴成0.1毫升的颗粒。颗粒冷冻精液制作简单，容积小，便于贮存。但因其直接暴露于液氮或空气中，易受污染，也不易标记，造成混杂。

颗粒冷冻精液的冷冻方法是：在盛有液氮的容器上放置一铝薄片或金属网，冷冻板与液氮面的距离保持在0.5～1.5厘米，待冷冻板充分冷却后，用吸管吸取精液，定量连续滴在冷冻板上，经3～5分钟，待精液充分冻结、颗粒色泽发亮时，铲下精液颗粒，收集到纱布袋内并加标签，即可浸入液氮罐中保存。

B. 细管型　一般分为 0.25 毫升、0.5 毫升及 1.0 毫升等规格的塑料细管。细管型的优点在于可避免精液受污染，便于标记，体积小，冷冻效果好，适用于机械化生产，解冻和输精操作简便，但成本较颗粒型的高。

细管冷冻精液的冷冻方法是：将分装到塑料细管并经平衡处理的细管精液用毛巾擦干，排列于细管分配器上。用一内装 1/2 液氮量的大口径液氮罐，将冷冻网放置距离液氮面 1~2 厘米处，温度控制在 −140~−130 ℃，再将盛有精液细管的分配器置于冷冻网上，加盖 10 分钟，精液细管温度即从 4 ℃降至 −140 ℃而完成冷冻，再分装到提筒内，浸入液氮中保存。

C. 安瓿型　一般有 0.5 毫升、1.0 毫升和 5.0 毫升等规格的玻璃安瓿。安瓿分装精液虽然可以避免污染，便于标记，但因在冷冻过程中容易爆裂，所以目前使用已日趋减少。

④ 冷冻精液的保存　冷冻精液的贮存不能脱离冷源，必须在精子冷冻的危险温区以下贮存。干冰温度（−79 ℃）接近于精子危险温区，加之使用不便，目前国内一般已不再用作冷冻精液的冷源。由于液氮的温度（−196 ℃）远比精子冷冻危险区要低，使用方便，保存冷冻精液可靠，因此被广泛采用。冷冻精液在液氮中可以长期保存，精子活率不会下降。

（4）冷冻精液的解冻与输精

① 冻精解冻　冷冻精液的解冻过程，同冷冻过程一样，必须迅速通过精子冷冻的危险温度区域，以免对精子细胞造成损伤。羊的冷冻精液可采用干解冻（不加解冻液）法解冻，即将一粒精液放入灭菌小试管中，置于 60 ℃水浴中快速融化至 1/3 颗粒大小时，迅速取出在手心中轻轻擦动至全部融化；也可加入解冻液进行湿解冻。

② 输精　解冻后精子经检查，其活率不低于 0.35 时，即可用于输精。输精方法与鲜精完全相同。但输精量为 0.2 毫升，要求含

活精子数每毫升 0.7 亿～0.8 亿个。可采用每日一次试情，3 次输精法。即当日发情母羊于早、晚各输精一次，翌日早晨再输精一次。

25. 什么是肉羊超数排卵？

绵羊和山羊胎产羔数较少，繁殖力在很大程度上限制了生产力的发挥。随着生物技术的发展，超数排卵从某种程度上解决了这一问题。应用外源性促性腺激素诱发母羊卵巢多个卵泡发育并具有受精能力的方法，称为超数排卵，简称"超排"。超数排卵是以胚胎移植技术为核心发展起来的系列化胚胎生物技术之一，是胚胎移植技术在生产上进行规模化应用的前提。

母羊的超数排卵，通常是在发情周期的前几天，以人为的方法使用药物，使机能性黄体消退，这时卵巢上的卵泡正处于开始发育时期，用适当剂量的促性腺激素处理，则提高了供体羊体内的促性腺激素水平，从而使卵巢上产生较自然状况下数量多几十倍的卵子，并在同一时期内发育成熟，集中排卵。目前，生产上用于超数排卵的促性腺激素药物主要有两种：一是孕马血清促性腺激素（PMSG），二是垂体促性腺激素（FSH、LH）。

超数排卵的效果会受到动物遗传特性、体况、年龄、发情周期的阶段、产后时间的长短、卵巢功能、季节、激素的品质和用量等多种因素影响。在胚胎移植实践中，使用相同的超排方案对不同羊群进行处理，经常会出现不同的超排结果；同一羊群在不同时期的超排效果也不尽一致，甚至同一个体每次的超排反应也不相同。导致这种现象的根源是由于母羊的生殖调控是一个复杂的生理过程，目前，人们对其机理的认知还是非常有限，无法从根本上控制卵泡的发育和排卵，这也是胚胎移植技术研究的主要问题之一。从目前生产上的情况来看，可以从以下几个方面采取措施，来提高母羊的超排效果。

（1）要选择合适的羊群和个体　品种、个体、年龄和生理状态直接影响超排的效果。在同一个品种内，不同个体对超排反应的效果也是不一致的，并且这种结果还具有重复性和遗传性。因此，经过一次超数排卵后，可以将那些超排效果好的母羊个体和后代挑选出来，用于以后的胚胎生产。同时，经产母羊的超排效果要好于青年母羊，并且随着胎次的增加，效果会越来越好。另外，在泌乳、哺乳、反复超排和产后期的母羊，其生殖机能处于恢复或新的动态平衡中，外源激素处理后的反应较差。因此，连续超排处理 4~5 次后，要使其妊娠一胎，待其产羔后再继续使用。供体母羊应具备遗传优势，在育种或生产上有较高价值。作为肉羊应选择生长速度快、屠宰率高、繁殖率高、有一定特色和良好市场需求的母羊品种作为供体。同时供体应遗传稳定、系谱清楚、体质健壮、繁殖机能正常、无遗传和传染疾病、年龄在 2~5 岁。重复利用的供体，两次超排的时间间隔不得短于一个月。同时根据供体母羊情况选择相应的性欲好、配种能力强、精液品质好的公羊，对提高卵子受精率非常重要。

（2）要采取规范的饲养和管理　供体母羊被确定后，要进行规范的饲养管理，主要从羊舍的环境卫生、疾病防疫、日粮营养水平和防止应激等方面入手。

（3）要采用优质药品和科学方案　超数排卵处理的药品直接影响胚胎的产出率。目前，国内外生产的一些激素制剂在纯度和活性方面变异较大，在选择激素时，要注意生产厂商和产品的生产批次。

超数排卵后获得的多枚胚胎，从养羊生产的情况来看，目前仍是主要采取手术法进行回收。手术收集的部位根据胚胎发育时期的不同，一般分为输卵管收集和子宫收集。

26. 如何进行肉羊超数排卵及胚胎回收？

（1）超数排卵方法

① 应用国产激素（FSH-PG）超排　在供体羊发情周期的任

意一天埋置阴道海绵栓或孕酮硅胶栓，从埋栓后的第 13 天开始，每天两次，间隔 12 小时递减肌内注射促卵泡素（FSH），总量 6.0～7.0 毫克，3 天共注射 6 次，在第 5 次注射 FSH 时撤栓并肌内注射前列腺素（PG）0.2 毫克，24 小时后供体羊发情，发情后 12 小时静脉注射促黄体素（LH）100～150 国际单位，并开始配种。如果 FSH 未注射完供体羊已发情，即停止注射 FSH，并立即注射 LH。

② 应用进口激素（孕激素＋FSH）超排　在供体羊发情周期的任意一天阴道埋置第一个孕酮硅胶栓（CIDR），定义为第 1 天，第 10 天换第二个 CIDR 栓，第 16 天开始连续 4 天等量注射 FSH，每天 2 次，第 7 次注射 FSH 时，取出 CIDR 栓，取栓后 24 小时供体羊发情。发情后开始第 1 次配种，之后间隔 12 小时进行第 2 次、第 3 次配种。

超数排卵处理后应对发情母羊及时和有效地配种。FSH 注射完毕后，随即每天早晚用试情公羊对超数排卵供体母羊进行试情，以母羊站立接受试情公羊爬跨作为发情的标准。发现母羊发情后及时配种，之后每间隔 12 小时配种一次，直至不发情为止。

（2）胚胎回收

① 输卵管法　供体羊发情后 2～3 天从输卵管采集 2～8 细胞期胚胎。回收时将冲卵管一端由输卵管伞部的喇叭口插入，2～3 厘米深，另一端接集卵皿，用注射器吸取 37 ℃的冲卵液 5～10 毫升，在子宫角靠近输卵管的部位，将针头朝输卵管方向扎入。由一人操作，一只手的手指在针头后方捏紧子宫角，另一只手推注射器，冲卵液即由宫管结合部流入输卵管，经输卵管伞部流至集卵皿。这种方法胚胎回收率高，胚胎质量好，但对输卵管损伤大，易造成输卵管堵塞。这时期回收到的胚胎不适于冷冻保存和分割操作。

② 子宫法　在超排母羊发情后 6～7 天采用手术法从子宫角采集桑葚胚至扩张囊胚期胚胎，此时的胚胎可用于鲜胚移植、冷

冻、分割及其他研究。该法对输卵管损伤小，尤其不触及伞部，回收的胚胎适宜进行冷冻保存和分割。利用手术拉出子宫，用小号止血钳在子宫体基部打孔，将冲卵管插入，依据羊只发情到冲胚当天时间间隔，使气囊位于子宫角适当位置，冲卵管尖端靠近子宫角前端。使用 5 毫升一次性注射器缓慢打起，根据子宫情况，注入 3~4 毫升气体，冲卵管另一端接大培养皿。用套管针在子宫角细部无血管处插入，外接抽取 20 毫升 PBS 液的注射器，左手大拇指和食指在套管针头后方捏紧子宫角细部，右手推注射器，缓慢平稳地注入液体，使液体顺畅地从冲卵管流入培养皿中待检。回收完一侧胚胎后，用注射器给冲卵管前端气囊放气，抽出冲卵管和套管针，用同样方法回收另一侧胚胎。

回收到的胚胎经过质量鉴定后，可用于鲜胚移植、冷冻保存、胚胎分割、性别鉴定及其他科学研究。

（3）成效 从目前国内超数排卵的效果来看，一般本地良种肉山羊经超排处理后，平均排卵数能达 8~11 枚，而国外进口良种肉山羊如波尔山羊、努比亚山羊通过超排处理后能排出 12~20 枚。肉用绵羊经处理后平均可排卵 5~10 枚。

27. 什么是肉羊胚胎移植？

胚胎移植是从超数排卵处理的母羊（供体）输卵管或子宫内取出许多早期胚胎，移植到另一群母羊（受体）的输卵管或子宫内，以达到产生供体后代的目的。供体通常是选择优良品种或生产性能高的个体，其职能是提供移植用的胚胎；而受体则只要求是繁殖机能正常的一般母羊，其职能是通过妊娠使移植的胚胎发育成熟，分娩后继续哺乳抚育后代。受体母羊并没有将遗传物质传给后代，所以，胚胎移植实际上是以"借腹怀胎"的形式产生出供体的后代。这是一种使少数优良供体母羊产生较多的具有优良遗传性状的胚胎，使多数受体母羊妊娠、分娩而达到加快优良供体母羊品种繁殖的一种先进繁殖生物技术。如果说人工授精技术是提高良种公羊利用率的有效方法，那么胚胎移植则为提高良种母羊的繁殖力提供了新的技术途径。

胚胎移植技术充分发挥了母羊的繁殖潜力，从而有效促进遗传改良，可以在短时间获得大批的良种后代，大大加速了良种化进程。通过引进优秀种羊的胚胎，可以规避活畜引进费用高、检疫繁琐和数量有限等不足。所以，目前国际间家畜良种引进的途径，主要是通过胚胎的运输代替种畜的进出口。而且通过引进胚胎繁殖的家畜，由于在当地生长发育，较容易适应本地区的环境条件，并从当地母畜得到一定的免疫能力。另外，胚胎冷冻保存技术的发展，也为品种资源的长期保存开辟了新的途径，可以建立动物遗传资源保存库，防止因大规模杂交改良而造成的地方良种基因资源的消亡丧失，因而该技术目前也是长期保存遗传资源最有效的方法之一。

自 1934 年绵羊胚胎移植成功以来，各种家畜以及实验动物的胚胎移植相继成功，特别是牛的胚胎移植发展很快。在畜牧业发达国家，羊的胚胎移植技术自 20 世纪 70 年代中期就已从实验室逐步转入实际生产应用。目前，有些国家的绵羊胚胎移植技术已经达到商业化实际应用阶段。如澳大利亚、新西兰和加拿大等国都有自己的胚胎移植机构和公司，相关业务已在全球广泛开展。我国的胚胎移植技术起步相对较晚，1974 年首先在绵羊上成功地进行了胚胎移植，1980 年又在山羊上获得成功。20 世纪 90 年代后期，绵羊胚胎移植技术在我国快速发展，肉用绵羊如萨福克、道赛特、特克塞尔和夏洛来等胚胎的移植群体数量具有较大的规模。国内的试验结果表明，从一只供体母羊一次发情配种后，利用胚胎移植最多获得 10 只以上的羔羊。我国"十五"期间科技部重大专项"肉羊舍饲养殖关键技术研究与产业化示范"，明确要求利用胚胎移植技术迅速扩大良种肉羊数量。

28. 肉羊胚胎移植有哪些技术要点？

胚胎移植的完整技术程序包括：供体母羊的选择和检查，供体母羊发情周期记载，供体母羊超数排卵处理，供体母羊的发情和人工授精，受体母羊的选择，受体母羊的发情记载，供体、受体母羊的同期发情处理，供体母羊的胚胎收集，胚胎的检验、分类、保存，受体母羊植入胚胎，供体、受体母羊的术后管理，受体母羊的妊娠诊断，妊娠受体母羊的管理及分娩，羔羊的登记。从移植的技术过程来看，目前主要是采用手术法和腹腔镜法进行胚胎移植。该过程也是整个胚胎移植程序中的关键部分。

（1）受体羊的选择和饲养管理　接受胚胎移植的受体母羊应有正常的发情周期，无繁殖机能疾病，产羔性能和哺乳能力良好，无流产史，膘情中上等，年龄在 2～6 岁，重复利用的受体母羊应选择上次移植胚胎后顺利妊娠并产羔的羊只。受体羊应单独组群，加强饲养管理，保持环境相对稳定，避免应激反应。带羔母羊在同期发情处理前一个月须强行断奶。对于新购进羊只需进行驱虫和综合免疫处理，隔离观察后复膘并适应新环境，发情周期正常后再安排使用。在不确定受体母羊是否为空怀羊的情况下，推荐受体群于同期发情埋栓处理前一个月统一肌内注射前列腺素 0.2 毫克/只，让妊娠羊只统一流产。

（2）受体同期发情处理　在发情周期内的任意一天，在生殖道内埋置孕酮海绵栓或孕酮硅胶栓，绵羊和山羊分别于 12～14 天、15～18 天撤栓并肌内注射 PMSG200～300 国际单位，撤栓后 12～48 小时内发情率能在 85% 以上。

（3）移植胚胎　与供体羊发情时间或胚龄时间在 ±12 小时内的受体羊适宜进行胚胎移植，用手术法或腹腔内窥镜观察发情母羊卵巢上的排卵情况，只有发情排卵产生黄体的受体才适合移植胚胎。受体羊手术前需空腹 12～14 小时，每千克体重肌内注射 0.02～0.04 毫升 2％盐酸赛拉唑注射液（静松灵），头部朝下倒置仰卧保定于专用手术架，倾斜 30°～45°角，手术部位刮毛、消毒，盖上创巾。

① 手术法移植胚胎　使预定的切口暴露在创巾开口的中部，避开较大血管，切开皮肤后钝性分离肌肉，剪开腹膜用食指和中指拉出子宫和卵巢，观察卵巢上黄体情况后把 1～2 枚胚胎移入黄体较好侧输卵管（2～8 细胞胚胎）或子宫角（桑葚胚至囊胚期胚胎）内后进行创口缝合等处理。

② 腹腔镜法移植胚胎　为重复使用受体羊，避免造成受体羊子宫粘连，缩短手术时间，可采用非手术法移植，也就是利用腹腔内窥镜与子宫钳配合，无需切开腹腔即可进行移植的方法。使用该技术时，首先使受体羊保定于特制的手术架，用手术刀片在腹中线两侧，距乳房 2 厘米处，各切一个 1～1.5 厘米的小口，用与腹腔镜配套的专用打孔器将腹膜、肌肉打通，在两侧刀口内放入腹腔镜和子宫钳，在子宫不暴露于体外的情况下，利用腹腔镜观察卵巢上黄体发育情况。如有黄体且子宫情况良好，则用子宫钳夹住子宫角尖端系膜，将其拉出，用曲别针制成的打孔针在子宫角打孔，将装有胚胎的移植枪朝子宫角方向推出胚胎。

③ 成效　目前，我国各地都已大规模启动羊胚胎移植工程。据不完全统计，目前绵羊鲜胚移植妊娠率达 54.4％～60.0％，高水平的可达 70.8％；移植后的双胎率可达 33.3％，冷冻胚胎移植妊娠率达 52.4％，双胎率为 30.6％。山羊鲜胚移植妊娠率达 75.0％，冷冻胚胎移植妊娠率达 60.0％左右。

29. 什么是早期妊娠诊断技术？

早期妊娠诊断可根据母羊在妊娠早期发生的一系列生理变化，采取相应措施，检查母羊是否妊娠。

(1) B超法　将母羊站立保定于采精架内，用单绳固定颈部，分直肠和体外两个途径检查，先从直肠进行，当直肠检测不到时用体外检查。直肠检查时，先掏出直肠内蓄粪，探头涂耦合剂后由手指带入直肠内，送至盆腔入口前后，向下呈 45°～90°进行扫描。体外检查时，主要在两股根部内侧或乳房两侧的少毛区，不必剪毛，探头涂耦合剂后，贴皮肤对准盆腔入口子宫方向进行扫描，选择典型图像进行照相和录像。

未妊娠母羊子宫角的断面呈弱反射，位于膀胱的前方或前下方，形状为不规则圆形，边界清晰，直径超过 1 厘米，同时可查到多个这样的断面，并随膀胱积尿程度而位移。有时在断面中央可见到一很小的无反射区（暗区），直径 0.2～0.3 厘米，可能是子宫的分泌物。

妊娠母羊子宫角断面呈暗区，因胎水对超声不产生反射，配种后第 16、17 天最初探到时为单个小暗区，直径超过 1 厘米，称胎囊，一般位于膀胱前下方。由于扫描角度不同，子宫断面呈多种不规则的圆形、长形等。胎体的断面呈弱反射，位于子宫颈区的下部，贴近子宫壁，初次探到时还不成形，为一团块，仔细观察可见其中有一规律闪烁的光点，即胎心搏动。

(2) 激素测定法　根据母羊的激素变化与妊娠的密切关系，可使用激素进行测定。据研究报道，当母羊血液中孕酮含量达到1.5 微克/毫升，诊断为妊娠，准确率达 90%以上，但按每增加1 个胎儿母羊血液中孕酮含量相应地增加 1 微克/毫升来判断妊娠数，其准确率只有 63%～69%。该法可能与胎儿死亡、个体激素水平、持久黄体等有关。

采用免疫学方法对母羊进行早期妊娠诊断，国外主要以检测早孕因子（EPF）为主，也有采用乳汁孕酮检测、乳胶凝集等方法。从早期妊娠诊断的准确性分析，上述方法已达到 85%以上，符合早孕检查的要求。但由于受采样、操作方法、仪器设备等的限制，该方法目前还难以在生产中广泛应用。

30. 如何进行发情控制？

发情控制技术包括周期发情技术和诱导发情技术。同期发情技术是通过人为干预母羊自然发情规律，实现群体母羊发情同期化。诱导发情技术是对处于非繁殖季节（乏情季节）的母羊通过特殊处理，人工诱导其表现发情并排卵。

（1）同期发情技术

① 药物诱发同期发情

A. 孕激素阴道栓塞法　该法是将孕激素阴道栓放置于母羊子宫颈外口处，绵羊放置 12～14 天、山羊放置 16～18 天后，取出阴道栓，2～3 天后处理母羊发情率可达 90% 以上。阴道栓可以使用厂家的现成产品，也可以自制。自制阴道栓的方法是：取一块海绵，截成直径和厚度均为 2～3 厘米的小块，拴上 20～25 厘米长的细线，每块海绵浸吸一定量的孕激素制剂的溶液即成。常用的孕激素种类和剂量为：孕酮 150～300 毫克，甲孕酮 50～70 毫克，甲地孕酮 80～150 毫克，十八甲基炔诺酮 30～40 毫克，氟孕酮 20～40 毫克。

可用送栓导入器将阴道栓送入母羊阴道内。送栓导入器由一外管和推杆组成。外管前端截成斜面，并将斜面后端的管壁挖一缺口，以便用镊子将海绵栓置于外管前端。推杆略长于外管，前部削成一个平面，以防送栓时推杆将阴道栓的细线卡住。埋栓时，将送栓导入器浸入消毒液消毒，将阴道栓浸入混有抗生素的润滑剂中使之润滑，然后用镊子从导入管前端之后的缺口处将阴道栓放入导入管前端，细线从导入管前端之后的缺口处引出置于管外，将推杆前端和海绵栓接触。保定母羊呈自然站立姿势，将外管连同推杆倾斜 20° 角，缓缓插入阴道 10～15 厘米处，用推杆将阴道栓推入子宫颈外口处。将导入管和推杆一并退出，细线引至阴门外，外留长度 10 厘米左右。如果连续给母羊埋栓，外管抽出浸入消毒液消毒后可以继续使用。

也可使用肠钳埋栓。将母羊固定后，用开膣器打开阴道，用肠钳将蘸有抗生素粉的自制阴道栓放入阴道内 10～15 厘米处，使阴道栓的线头留在阴道外即可。幼龄处女羊阴道狭窄，应用送栓导入器有困难，可以改用肠钳，甚至手指将阴道栓直接推入。

埋栓时，应当避免现场尘土飞扬，防止污染阴道栓。母羊埋栓期间，若发现阴道栓脱落，要及时重新埋植。撤栓时，用手拉住线头缓缓向后、向下拉，直至取出阴道栓。或用开膣器打开阴道后，用肠钳取出。撤栓时，阴道内有异味黏液流出，属正常情况，如果有血、脓，则说明阴道内有破损或感染，应立即使用抗生素处理。取栓时，阴门不见有细线，可以借助开膣器观察细线是否缩进阴道内，如见阴道内有细线，可用长柄钳夹出。遇有粘连的，必须轻轻操作，避免损伤阴道，撤栓后用 10 毫升 3％的土霉素溶液冲洗阴道。

B. 前列腺素注射法　该法是给母羊间隔 10～14 天，连续注射两次前列腺素，每次注射剂量为 0.05～0.1 毫升，第二次注射后 2～3 天母羊发情率可达 90％以上。

为提高同期发情母羊的配种受胎率，可于配种时肌内注射适量的 LRH‑A3（促排卵素 3 号）、HCG（绒毛膜促性腺激素）或 LH（促黄体素）。

② 公羊效应　是将公、母羊在繁殖季节分群隔离饲养一个月后再混群饲养，大多数母绵羊在放进公羊后 24 天，母山羊在放进公羊后 30 天可表现发情。此法较药物诱导发情的同期化程度低，但由于方法简单，不增加药费开支，故也可作为同期发情的一种实用技术。

（2）诱导发情技术　在母羊乏情季节，使用外源生殖激素，可诱导母羊发情，使母羊提前配种受孕，从而缩短母羊产羔间隔。对于季节性或生理性乏情的母羊，可用孕马血清促性腺激素（PMSG）结合孕激素激发乏情母羊卵巢机能的活动。方法是将孕激素阴道栓放置于母羊子宫颈外口处，绵羊放置 12～14 天、山羊放置 16～18 天，于撤栓前 2 天肌内注射 PMSG200～300 国际单位，于撤栓的同时肌内注射氯前列烯醇 0.05 毫克，处理母羊发情率可达 90％以上。

需要注意的是，单纯给母羊注射雌激素，如雌二醇、雌酮、雌三醇等，虽然也可以诱导乏情母羊有发情表现，但不能使其排卵。对于黄体持久不消失，抑制卵泡发育而表现乏情的母羊，可注射氯前列烯醇溶解持久黄体，使黄体停止分泌孕酮，为卵泡发育创造条件，诱导母羊恢复发情和排卵。

31. 什么是频繁产羔技术？

羊的频繁产羔体系，是随着工厂化高效养羊，特别是肉羊及肥羔生产而迅速发展的高效生产体系。这种生产体系指导思想是：采用繁殖生物工程技术，打破母羊的季节性繁殖的限制，一年四季发情配种，全年均衡生产羔羊，充分利用饲草资源，使每只母羊每年所提供的胴体重量达到最高值。高效生产体系的特点是：最大限度发挥母羊的繁殖生产潜力，依市场需求全年均衡供应肥羔上市，资金周转期缩短，最大限度提高养羊设备的利用率，提高劳动生产率，降低成本，便于工厂化管理。目前，频繁产羔体系在养羊生产中应用的较为普遍的是一年两产或两年三产体系。

母羊的一年两产或两年三产，是在充分利用现代营养、饲养和繁殖技术的基础上发展起来的一种新的繁殖生产体系。在实施该生产体系时，必须与羔羊的早期断奶、母羊的营养调控、公羊效应等技术措施相配套，才能取得理想的生产效果。

32. 频繁产羔有哪些技术要求？

（1）母羊繁殖的营养调控　一般来讲，营养水平对羊季节性发情活动的启动和终止无明显作用，但对排卵率和产羔率有重要作用。在配种之前，母羊平均体重每增加 1 千克，排卵率提高 2.0%～2.5%，产羔率则相应提高 1.5%～2.0%。体重是由体型和膘情决定的，而影响排卵率的主要因素不是体型，而是膘情，即膘情中上等以上的母羊排卵率高。提高配种前母羊日粮营养水平，特别是能量和蛋白质对体况中等和差的母羊的排卵率有显著改善作用，但对体况良好的母羊的作用则不明显。在此基础上，在母羊配种前 5～8 天，提高其日粮营养水平，可以使排卵率和产羔率显著提高。另外，日粮营养水平对早期胚胎的生长发育也有重要作用。

（2）公羊效应　在新型的肉羊生产体系中，在非繁殖季节将公羊和繁殖母羊严格隔离饲养，要求母羊闻不到公羊气味，听不见公羊的叫声，看不到公羊。这样在配种季节来临之前，将公羊引入母羊群中，一般 24 小时后有相当部分的母羊出现正常发情周期和较高的排卵率。这样不仅可以将配种季节提前，而且可以提高受胎率，便于繁殖生产的组织管理。

（3）羔羊早期断奶　哺乳会导致垂体前叶促乳素分泌量增高，从而使得垂体促性腺激素的分泌量和分泌频率的不足，导致母羊不能发情排卵。要达到一年两产或两年三产的目的，必须重视羔羊的培育工作，尽早断奶。目前生产中早期断奶时间有两种：一是生后一周断奶，二是生后 40 天断奶。但生产上仍大多采用 40 天断奶的方法。

羔羊断奶有两种主要方法：一次性断奶和逐渐断奶。规模羊场一般多采用一次性断奶，即将母仔一次性分开，不再接触；逐渐断奶是在预定的断奶日期前几天，把母羊赶到远离羔羊的地方，每天将母羊赶回，让羔羊吃几次奶，并逐渐减少羔羊吃奶的次数直到断奶。

断奶对羔羊是一个较大的应激，处理不当会引起羔羊生长缓慢。为此可采取断奶不离圈，断奶不离群的方法，即将羔羊留在原羊舍饲养，母羊另外组群。尽量保持羔羊原有的生活环境，饲喂原来的饲料，减少对羔羊的不良刺激和对生长发育的影响。羔羊断奶后要加强补饲，日粮的精粗比应在 6：4，高品质的蛋白质饲料或优质青干草要占一定比例。

早期断奶必须使初生羔吃上 1～2 天的初乳，否则不易成活。在进行早期断奶时，饲喂的开食料应为易消化、柔软且具有香味的湿料。断奶后应选择优质青干草进行饲喂。同时，羊舍要保持清洁、干燥，预防羔羊下痢的发生。

（4）实施计划安排　实施一年两产技术体系时，应按照一年两产生产的要求，制订周密的生产计划，将饲养、兽医保健、管理等融为一体，最终达到预定生产目标。从已有的经验分析，该生产技术密集、难度大，但只要按照标准程序执行，一年两产的目的是可以达到的。一年两产的第一产宜选在 12 月份，第二产宜选在 7 月份。

两年三产是国外 20 世纪 50 年代后期提出的一种生产体系，沿用至今。实施两年三产技术体系时，母羊必须 8 个月产羔一次。一般有固定的配种和产羔计划：如 5 月份配种，10 月份产羔；1 月份配种，6 月份产羔；9 月份配种，翌年 2 月份产羔。羔羊一般是 2 月龄断奶，母羊断奶后一个月配种。为了达到全年的均衡产羔，在生产中，一般将羊群分成 8 个月产羔间隔相互错开的 4 个组，每 2 个月安排 1 次生产。这样每隔 2 个月就有一批羔羊屠宰上市。如果母羊在第一组内妊娠失败，2 个月后参加下一组配种。

33. 提高肉羊繁殖力的技术措施有哪些？

（1）选用多胎羊的后代留作种用　羊的繁殖力是有遗传性的。一般母羊若在第一胎时生产双羔，则在以后胎次的生产中，产双羔的重复力较高。许多试验研究表明，为了提高产羔率，选择具有较高生产双羔潜力的公羊进行配种，比选择母羊在遗传上更为有效。

另外，引入具有多胎性种羊的基因，也可以有效地提高羊只的繁殖力。例如，小尾寒羊的产羔率平均为 270%，苏联美利奴羊为 140%，考力代羊为 125%，经过杂交后，杂种的繁殖力也得到提高。苏寒一代杂种的产羔率平均为 171%，苏寒二代杂种平均为 162%，考苏寒杂种平均为 148%。同时，考苏寒杂种羊在特定生态条件下，还保持了小尾寒羊常年发情的遗传特性。

因此，从羊只自身的遗传特性来提高繁殖率具有十分重要的意义。

（2）提高种公羊和繁殖母羊的营养水平　羊的繁殖力不仅要从遗传角度提高，而且在同样的遗传条件下，更应该注意外部环境对繁殖力的影响。这主要涉及养羊生产者对羊只的饲养管理水平。

营养水平对羊只的繁殖力影响极大。种公羊在配种季节与非配种季节均应给予全价的日粮。对公羊而言，良好的种用体况是基本的饲养要求。生产中可能重视配种季节的饲养管理，而放松对非配种季节的饲养管理，结果往往造成在配种季节到来时，公羊的性欲、采精量、精液品质等均不理想，轻者影响当年配种能力，重者影响公羊的一生配种能力。因此，必须加强公羊的饲养管理。但也要注意，种用体况并不是指公羊膘情越肥越好。种用体况是一种适宜的膘情状况，过瘦或过肥的体况都不是理想的种用体况。公羊良好种用体况的标志应该是：性欲旺盛，接触母羊时有强烈的交配欲；体力充沛，喜欢与同群或异群羊挑逗打闹；行动灵活，反应敏捷；射精量大，精液品质好。

母羊是羊群的主体，是羊只生产性能的主要体现者，量多群大，同时兼具繁育后代和实现羊群生产性能的重任。一般母羊的营养状况具有明显的季节性。枯草期和青草期其营养状况是不相同的。草料不足，饲料单一，尤其缺少蛋白质和维生素，是羊只不发情的主要原因。为此，对营养中下等和瘦弱的母羊要在配种前一个月给予必要的补饲。在养羊生产中，至少应做到在妊娠后期及哺乳期对母羊进行良好的饲养管理，以提高羊群的繁殖力。

（3）增加羊群中适龄繁殖母羊比例　羊群结构主要是指羊群中的性别结构和年龄结构。从性别方面讲，有公羊、母羊和羯羊3种类型的羊只，羊群中母羊的比例越高越好；从年龄方面讲，有羔羊、周岁羊、2岁羊、3岁羊、4岁羊、5岁羊、6岁羊及老龄羊，羊群中年龄由小到大的个体比例应逐渐减少，形成一定梯度的"金字塔"结构，从而使羊群始终处于一种动态的、后备生命力异常旺盛的状态。

养羊业发达国家，育种群的适繁母羊比例在70%以上，我国广大农牧区则多在50%左右，从而限制了羊群的繁殖速度。因此，提高现有羊群中的适龄繁殖母羊比例还有很大潜力，完全有可能提高养羊生产中母羊群的产羔水平。

（4）实行密集产羔　在气候和饲养管理条件较好的地区，可以实行密集产羔，也就是使羊两年三产或三年五产。为了保证密集产羔的顺利进行，必须注意以下几点：一是必须选择健康结实、营养良好的母羊，年龄以2～5岁为宜，而且其乳房发育必须良好、泌乳量要高；二是要加强对母羊及其羔羊的饲养管理，母羊在产前和产后必须有较好的补饲条件；三是要从当地具体条件和有利于母羊的健康和羔羊的发育出发，恰当而有效地安排好羔羊的早期断奶和母羊的配种时间。

（5）应用繁殖新技术　科学试验和养羊业生产实践中不断地证明，运用繁殖新技术，如羊人工授精技术、同期发情技术、超数排卵和胚胎移植技术等，是有效提高绵、山羊繁殖力的重要措施之一。

另外，生殖免疫技术目前在养羊生产中也得到了广泛的应用。免疫是生物识别和清除"异己"的机制，从而使机体内外环境保持平衡的生理功能。生殖免疫主要有公畜的精子和精清抗原性及母畜的妊娠免疫、母畜自身免疫、激素免疫等。利用激素作抗原，给母羊主动免疫，使之产生对该激素的抗体，称为激素免疫。这可用于中和母羊体内的同一激素，从而改变下丘脑—垂体—卵巢轴系的正常反馈调节，可增加促卵泡素（FSH）和促黄体素（LH）的释放量，提高发育卵泡数和排卵率，使产羔增多，以达到人为调节的目的。

三、饲草料利用及加工技术

34. 常见的饲草种植品种有哪些？

肉羊可采食的饲草种类很多，常用来种植的有：墨西哥饲用玉米、紫花苜蓿、多花黑麦草、无芒雀麦草、白三叶、沙打旺、王草、羊草等。不同的牧草有其各自的营养特点和种植要求。

35. 墨西哥饲用玉米种植的技术特点如何？

（1）概述　墨西哥饲用玉米原产于中美洲的墨西哥和加勒比群岛以及阿根廷。中美洲各国、美国、日本和印度等均有栽培，我国于1979年从日本引入。墨西哥饲用玉米为禾本科类蜀黍属一年生草本植物，须根发达，茎秆粗壮，直径1.5～2.0厘米，直立，丛生，高约3米。叶片披针形，叶面光滑，中脉明显。花单性，雌雄同株，雄花顶生，圆锥花序，多分枝；雌花为穗状花序，雌穗多而小，从距地面5～8节以上的叶腋中生出，每节有雌穗1个，每株有7个左右，每穗有4～8节，每一小穗有一小花，授粉后发育成为颖果，4～8个颖果呈串珠状排列。种子长椭圆形，成熟时褐色，颖壳坚硬，千粒重75～80克（图3-1）。

图3-1　墨西哥饲用玉米

（2）特点

① 适种地区　种子发芽的最低温度为 15 ℃，最适温度为 24～26 ℃。生长最适温度为 25～35 ℃。耐热，能耐受 40 ℃的持续高温。不耐低温霜冻，气温降至 10 ℃以下生长停滞，0～1 ℃时死亡。年降水量 800 毫米以上，无霜期 180～210 天以上的地区均可种植。对土壤要求不严，适合 pH 5.5～8.0 土壤。我国广东、广西、福建、浙江、江西、湖南、四川等多省（自治区）都适宜栽培，也可在华北、东北、西北等地种植，但不结实。

② 播种方式　依据各地土壤、生产、气候条件，栽培模式可分为 4 种：春播—夏收—夏播—秋收—二次青贮；夏收—重茬—秋收—青贮；春播—收籽粒—青贮—收割茎叶—青贮；春播套种玉米—夏收青贮—秋收套种作物。

③ 种植要求　适期范围应尽量早播，种植密度为每公顷 9 万～12 万株。播种时，施足底肥，根据生育进程，合理施肥，重施拔节肥，适当补穗肥。

④ 田间管理　苗期或移栽初期应除草一次并保持土壤湿润。每收割一次，可在当天或第二天结合灌溉及除草松土，每亩[*]施尿素 7.5 千克，在生长期间如遇蚜虫或红蜘蛛侵袭，可用 40%乐果乳剂 1 000 倍液喷施杀灭。

⑤ 收获时间　墨西哥玉米草株高 3 米，茎叶繁茂。播后 30 天进入快速生长期，每株可分蘖 20 株以上，多者可达 60～70 株。播后 45 天株高 50 厘米以上时开始收割，应留茬 5 厘米，以利速生。此后每隔 20 天可再割，全生育期可割 4～5 次。

（3）成效　据测定，墨西哥玉米单株鲜重 750 克以上，果穗不低于鲜重的 10%，如管理得当，每亩可产青饲草 3 万千克以上。其风干物中含干物质 86%、能量 14.46 兆焦/千克、粗蛋白 13.8%、粗脂肪 2%、粗纤维 30%、无氮浸出物 72%，其营养

---

* 亩为非法定计量单位。1 亩＝1/15 公顷。

价值高于普通食用玉米。该饲草茎叶柔嫩，清香可口，营养全面，畜禽及鱼类喜食。可将鲜茎叶切碎或打浆饲喂畜禽及鱼类，如用不完，可将鲜草青贮或晒干粉碎供冬季备用。青贮应在开花后刈割，每亩可收1万～1.5万千克。专做青贮时，可与豆科的大翼豆、山蚂蟥蔓生植物混播，以提高青贮质量。

36. 紫花苜蓿种植的技术特点如何？

（1）概述　紫花苜蓿为豆科苜蓿属多年生直立型草本植物，原产于古波斯（今伊朗）和中亚细亚。紫花苜蓿家族中有紫花苜蓿、黄花苜蓿、紫黄花混合的杂花苜蓿，均为高产的优良饲料。我国西北、东北、华北各地均有大面积种植。紫花苜蓿生长期15～20年，高产期3～6年，根系发达，主要分布在20～30厘米的土层。茎直立或斜生，基部多分枝，茎秆粗2～4毫米，株高0.9～1.3米。叶多，全株叶片是鲜草重的45%～50%（图3-2）。

图3-2　紫花苜蓿

（2）特点

① 适种地区　紫花苜蓿种子在5～6℃即能发芽，最佳发芽温度为25℃，紫花苜蓿生长最适温度为日均气温15～21℃。在日均温度不超过25℃条件下，叶片面积和总重量都最大，35～40℃的酷热条件下则生长受到抑制。紫花苜蓿耐寒能力较强，停止生长的温度为3℃左右，幼苗可耐-7～-6℃的低温，成株的根能耐-25℃的严寒，有的品种在-40℃的低温环境中仍能安全越冬。紫花苜蓿因根系强大，能吸收土壤中的水分，耐干旱能力强。紫花苜蓿特别怕涝，水泡4小时即能使根系死亡。紫

花苜蓿对土壤要求不严，除重盐碱地、低洼内涝地、重黏土地外，其他土壤都能种植。温带和寒冷地带均能生长，一般北方各省宜春播或夏播，黄淮地区还可秋播，长江流域 3～10 月份都可播种。

② 播种方式　一年四季都可播种。可条播，也可撒播；可单播，也可与禾本科牧草混播。条播行距一般为 30～40 厘米，成苗率较高，生长期能满足通风透光的要求，也利于中耕除草和灌溉。撒播时将种子洒在地面，用耙子搂一遍，浅覆土，在雨水较多情况下出苗良好。

③ 种植要求　紫花苜蓿播种量应根据自然条件、土壤条件、播种方式和利用目的决定。收牧草用的，播种量大些，收种用则小些；土地不肥沃，苜蓿分蘖少，播种量应大些；干旱地区水分不足不可过密，密则使幼苗发育不良。一般情况下，紫花苜蓿每公顷用种 7.5～15.0 千克，干旱地区 7.5～11.5 千克，湿润地区 15.0～19.0 千克，理想种植密度为 135～270 株/米^2。紫花苜蓿种子小，不宜深种。湿土浅播，干土稍深，具体视土类而定，一般覆土 2～3 厘米，沙质土 3 厘米，黏土 2 厘米。

④ 田间管理　土地贫瘠，播种时需用有机肥，磷肥做底肥（农家肥 20～30 吨/公顷，二铵 150～200 千克/公顷）。

⑤ 收获时间　紫花苜蓿适宜收获时期是开花初期，即有 10% 植株开花，90% 的植株处于现蕾期。北方地区全年可收割 3～4 次，南方可收割 4～5 次。第一次收割（夏季）留茬要短些，防杂草或病虫害，秋季收割留茬要高些（不超过 10 厘米）可保护紫花苜蓿安全越冬。

（3）成效　紫花苜蓿产量高，每公顷可产鲜草 45～90 吨，产干草 15～22 吨。草质优良，具有很高的营养价值，适口性好。据分析，适期收割的紫花苜蓿干物质中含粗蛋白 21.96%、粗脂肪 3.5%、粗纤维 16.14%、无氮浸出物 49.2%、粗灰分 8.9%。紫花苜蓿收割后可直接饲喂畜禽，也可生产加工贮存全年饲喂。

鲜喂时应晾晒 2～3 小时，以防羊过食而发生胃肠膨胀。调制干草是苜蓿较好的利用方式，便于贮存、运输，也可将干草进一步制成草块、草粉或草颗粒。

37. 多花黑麦草种植的技术特点如何？

（1）概述 多花黑麦草（别名意大利黑麦草、一年生黑麦草），属一年生或短寿多年生禾本科草种，喜温热和湿润气候。原产欧洲南部、非洲北部及小亚细亚等地，以后传播到其他国家，广泛分布于意大利、英国、美国、丹麦、新西兰、澳大利亚、日本等温带降水量较多的国家，因其茎叶柔嫩，适口性好，品质优良，富含蛋白质，纤维少，营养全面，是世界上优等栽培牧草之一。多花黑麦草茎干直立，光滑，株高 1～2 米，根系较浅，须根发达，叶片柔软下披，叶背光滑而有光亮，深绿色，叶长 20～40 厘米，宽 0.7～1.0 厘米，叶舌膜质，短小，有叶耳，叶鞘和节间等长或稍短于节间，穗状花序，长 10～20 厘米，小穗花较多，一般为 10～20 朵，小穗连芒长 1.2～1.5 厘米，外颖上部延伸成芒，长 0.1～0.8 厘米，种子为颖果，梭形，千粒重 1.98～2.2 克，每千克种子约 50 万粒（图 3-3）。

图 3-3 多花黑麦草

（2）特点

① 适种地区 多花黑麦草适宜生长温度为 15～18 ℃，喜水肥，稍耐酸性土壤，适宜 pH 为 5～7，不耐旱，不耐贫瘠，不耐水淹。对土壤要求不严格，但在水肥条件好的田地种植，效果最好。适合我国南方地区播种，在长江流域及其以南地区种植较为普遍。在淮河以南地区，适宜秋播，第二年春刈割使用。在长

江中下游地区，9 月中下旬播种为宜，最迟不得晚于 10 月中旬。也可春播，3 月底以前播种，但产量较低。

② 播种方式　选择土层深厚、肥沃、向阳、排灌方便的冬闲田、池塘周围以及沟渠边水肥条件好的地块种植。选好地块后，精耕细作，深耕翻土，除尽杂草，做到土细地平。结合整地施足基肥，基肥可用腐熟的农家肥、沼肥、钙镁磷肥等其中的一种，一般按每亩施农家肥或沼肥 1 500～2 000 千克，或钙镁磷肥 40 千克的标准。可采用条播、窝播、撒播等方式，以条播最适宜，其次是窝播，撒播因种子播种量难以控制，向光性差，产草量低，因此不提倡。

③ 种植要求　条播按行距 30 厘米，播幅 5～10 厘米规格，每亩用 0.8～1.0 千克的播种量，然后用细土覆盖种子，覆土深度 1.5～2.0 厘米。窝播每亩用 1 千克的播种量，以窝距 15 厘米×15 厘米规格打窝点播，然后用细土覆盖并适当镇压，使种子与土壤能紧密结合，覆土深度一般 2 厘米为宜。最后浇水，以土湿为宜，便于种子发芽和保持幼苗生长。

④ 田间管理　多花黑麦草的田间管理关键是抓好施肥、灌溉和防病环节。多花黑麦草对氮肥要求高，出苗后在三叶期和分蘖期各追施氮肥一次，每次每亩追施尿素或复合肥 5～10 千克，以后每次刈割后，都应追施同量肥，促进再生，刈割后追肥时间掌握在割后的 3～5 天进行。多施磷、钾肥可增强多花黑麦草的抗病、抗旱、抗寒能力。

多花黑麦草在生长期内对水分的需求量较大，在干旱季节应保证必要的灌溉，否则生长不良，草产量降低；雨水较多的季节应注意排水，否则土壤水分过多，通气不良，影响多花黑麦草根系的生长，导致烂根死亡。

生长期内还要注意病害防治。主要病害为锈病，可用敌锈钠、粉锈灵等杀菌剂。

⑤ 收获时间　放牧宜在多花黑麦草株高 25～30 厘米时进

行，放牧利用的多花黑麦草应采取与豆科牧草混播的方式种植，如与白三叶混播，以提高产草量及均衡营养。农区种植多花黑麦草一般不要放牧，当多花黑麦草长到 40 厘米左右时刈割，直接饲喂羊，留茬高度 5～7 厘米，以利再生。多花黑麦草制作青贮料，应在孕穗期前收割。

（3）成效　多花黑麦草生长快，分蘖能力强，产草量高，在南方每年可刈割 2～3 次，在北方每年可刈割 1～2 次，每公顷产鲜草 75 吨以上。多花黑麦草柔嫩多汁，适口性好，营养丰富，消化率高。干物质中含粗蛋白 18.67%、粗脂肪 5.38%、粗纤维 23.02%、无氮浸出物 44.8%、粗灰分 8.13%。多花黑麦草除直接放牧和青割喂羊外，还可以青贮、调制干草。

38. 无芒雀麦草种植的技术特点如何？

（1）概述　无芒雀麦草又名光雀麦、无芒草、禾萱草，为禾本科雀麦属多年生优良牧草。原产于欧洲，其野生种分布于亚洲、欧洲和北美洲的温带地区，多分布于山坡、道旁、河岸。我国东北、华北、西北等地都有野生种。我国东北地区 1923 年开始引种栽培，新中国成立后各地普遍进行种植。

无芒雀麦草叶多茎少，茎干光滑，叶片无毛，草质柔软，适口性好，营养价值高。茎直立，高 30～50 厘米，叶片淡黄色，长而宽，一般 5～6片叶。一年四季为各种家畜所喜爱，是一种放牧和打草兼用的优良牧草（图 3-4）。

图 3-4　无芒雀麦草

（2）特点

① 适种地区　无芒雀麦具短根茎，属中旱生植物，适应性

广泛，海拔 500～2 500 米均可种植，在年降水量 350～500 毫米的地区旱作，生长发育亦良好，冬季气温－30～－28 ℃的地方可安全越冬，是北方高寒地区耐寒性较强的牧草。因此，在我国东北、华北、西北等多数地区普遍进行栽培，效果良好。

② 播种方式　单播、混播均可。单播时的播种量为 22.5～30.0 千克/公顷，播种深度为 2～3 厘米，通常以条播为主，行距 15～30 厘米。无芒雀麦可与紫花苜蓿、红三叶、红豆草、沙打旺等豆科牧草混播，播种量一般为 15.0～22.5 千克/公顷，豆科牧草为 4.5～7.5 千克/公顷。

③ 种植要求　无芒雀麦一年四季均可播种，南方地区多在春秋播种，而以秋播为宜，华北、黄淮地区、黄土高原也宜秋播，东北、内蒙古地区一般采用夏播。

④ 田间管理　无芒雀麦草根系发达，地下茎强壮，播种前宜深耕。生长时需氮肥较多，在播种前和收割后应施速效氮肥。播种前应深耕细耙，保持土层深厚、疏松、肥沃。秋季深耕前每公顷施入 45 吨有机肥和适量氮肥作为基肥。生长 3～4 年后，可结合松土切根追施复合肥 200～240 千克/公顷。

⑤ 收获时间　无芒雀麦草在适宜的环境下，播种后 10～12 天即可出苗，35～40 天开始分蘖，播种当年可有 10%以上的抽穗植株，并在根茎的末端发生新的分蘖苗，生长第二年的植株返青后，50～60 天即可抽穗开花，花期延续 15～20 天，授粉后 11～18 天种子即有发芽能力。营养生长期至抽穗期的营养价值最高，一般在抽穗至扬花时收草，一年可刈割 2～3 次。在 50%～60%的小穗变为黄色时收种，每公顷可收种子 225～675 千克。

（3）成效　无芒雀麦草每公顷产干草 4500～7500 千克，一般连续利用 8～10 年，在管理水平高时，可维持 10 年以上的稳产高产。营养价值高，干物质中含粗蛋白 20.4%、粗脂肪 4.0%、粗纤维 23.0%、无氮浸出物 42.8%、粗灰分 9.6%。可青饲、制成干草和青贮。

39. 白三叶种植的技术特点如何？

（1）**概述** 白三叶草为多年生温带型豆科三叶草属草本植物。原产自欧洲和小亚细亚，广泛分布于世界温带地区，尤以新西兰、西北欧和北美东部等海洋性气候区栽培较多。中国南北各地均有分布。白三叶是优质的豆科牧草，主根短，侧根发达，茎实心、光滑、细长，匍匐生长达 30～60 厘米，侵占性很强；叶互生，三出掌状复叶，叶柄细长直立，叶面有 V 形白色斑纹。头形总状花序，自叶腋处生出。5 月中旬为盛花期，花期长达 2 个月，每年有春、秋两次生长高峰。异花授粉，荚果长卵形，每荚有种子 3～4 粒。种子为心脏性，黄色或棕黄色，千粒重 0.7～0.9 克，每千克种子有 140 万～200 万粒。种子产量每亩为 10～15千克（图 3-5）。

图 3-5　白三叶草

（2）**特点**

① **适种地区** 白三叶喜温暖湿润气候，在年均气温 15 ℃左右，年降水量 640～1 000 毫米的地区均能良好生长。生长最适温度为 19～24 ℃，最适 pH 为 5.6～7.0，既耐寒，又耐热，在东北、新疆地区有雪覆盖时，能安全越冬；35 ℃的高温，也不会萎蔫。在南方如遇高温干旱和低温冰冻，地上植株多呈枯黄，但不死亡。长日照植物，日照超过 13 小时花数可增多。再生能力强，耐践踏，在频繁刈割或放牧时，可保持草层不衰败。耐酸性土壤，不耐盐碱，最适在肥沃、湿润、排水良好的土壤上生长。我国 20 多个省、自治区、直辖市均有播种。

② 播种方式　播种宜浅不宜深，一般为 0.5~1.5 厘米。单播，每亩播种量 0.5~0.7 千克。撒播或条播均可，条播行距 30 厘米。用等量沃土拌种后播种较好。与牛尾草、黑麦草等混播，播种量可适当减少。

③ 种植要求　白三叶播种以 9~10 月秋播为佳，也可在 3~4 月春播。可采取无性繁殖，即用茎进行移栽。播种前必须测定其发芽率。

④ 田间管理　白三叶属豆科植物，自身有固氮能力，但苗期根瘤菌尚未生成，需补充少量的氮肥，有利于壮苗，增施磷、钾肥有很好的增产作用。苗期生长特别缓慢，应及时中耕除草。干旱季节应做好灌溉抗旱工作。

⑤ 收获时间　当高度长到 20 厘米左右时进行刈割，一年可割 3~4 次，割草时留茬不低于 5 厘米，以利再生。每次刈割后少量施用速效氮、磷、钾肥，促进早生快发。

(3) 成效　白三叶草质柔嫩，叶量丰富，适口性很好，营养丰富，年鲜草产量达 4 000~5 000 千克/亩。干物质中含粗蛋白 18.1%~28.7%、粗纤维 12.5%，干物质消化率为 75%~80%，为各种畜禽所喜食。白三叶常作为放牧地上的主栽草种，多用白三叶和黑麦草、鸭茅、羊茅等混播进行牛、羊放牧；也可与科本科牧草混合调制青贮饲料。

40. 沙打旺种植的技术特点如何？

(1) 概述　沙打旺是多年生植物，野生种主要分布在西伯利亚和美洲北部，在我国东北、华北、西北和西南地区也有种植。20 世纪中期中国开始栽培，适应性强，产量高，营养丰富，饲用价值仅次于苜蓿。既是畜禽的好饲料，又是肥沃农田的好绿肥，还具有固沙保土的作用。沙打旺主根粗壮，入土深 2~4 米，根系幅度可达 1.5~4.0 米，着生大量根瘤。植株高 2 米左右，丛生，主茎不明显，由基部生出多数分枝。奇数羽状复叶，小叶7～25片，长卵形。总状花序，着花17～79朵，紫红色或蓝色。荚果三棱柱形，有种子9～11粒，黑褐色、肾形，千粒重1.5～1.8克。

沙打旺宜在各种退化草地和退耕牧地种植，是农牧区建造人工草地的理想草种。除低洼内涝地外，荒地和耕地都可利用。幼龄林带和疏林灌丛种植沙打旺，不仅可改良土壤，增加饲草，还可抑制杂草，促进林木旺盛生长。各种侵蚀地和固定沙丘，都能种植沙打旺。植被稀疏、碱化程度较重的地种植沙打旺，可增加植被，变低产草地为高产草地。一般广泛栽培在丘陵、山地、沟壑、沙丘等干旱贫瘠地带，作为防风固沙、保持水土的饲草和绿肥，对恢复和建立良好的自然生态系统能起到重要作用（图3-6）。

图3-6 沙打旺

（2）特点

① 适种地区 沙打旺抗旱能力极强，对土壤要求不严，有耐寒、耐瘠、耐盐、抗风沙的特性，有很强的耐盐碱能力，在pH为9.5～10.0、全盐量0.3％～0.4％的盐碱地上，沙打旺可正常生长。种子在4℃左右即可萌发；10～12℃时，8～10天出苗；15～20℃时，5～6天出苗。幼苗能抵御－3℃的低温，根芽在高寒地区能安全越冬。在我国东北、华北、西北、西南、华

东及华中等地均可播种，近几年北京、辽宁、吉林、山东、山西、甘肃、青海、宁夏等省、自治区、直辖市大量引种推广，种植范围不断扩大。

② 播种方式　我国的沙打旺可分为早熟种和晚熟种。早熟种宜在北方各地种植，可自行采种，但产量稍低。晚熟种各地都有，适宜在华北、西北和东北南部种植，产量较高，但向北推移时，种子往往不能充分成熟。沙打旺地面播种采取条播，飞机播种采取撒播。条播用播种机，60~70 厘米双条播，或 30~50 厘米单条播。播种量为每亩 0.25~0.50 千克。播种深度以 1.5~2.0 厘米为宜。播后随即镇压。

③ 种植要求　沙打旺种子的硬实率新鲜种子较高，陈旧种子较低。一般储存 2~3 年的种子，仍有很高的发芽力。播前要清选，清除杂质，晒 1~2 天再播种。用新鲜种子播种时，播前碾磨一次为好。沙打旺的播种可分为春播、夏播和秋播。春播是在前一年整好地的基础上，实行早春顶凌播种。早播土壤湿润，出苗早、生长快。沙打旺种子生命力强，可以寄子越冬播种。寄子播种出苗早、小苗壮，但必须在霜降以后播种，以防出苗被冻死。

④ 田间管理　在播种时以磷肥作基肥，每亩施过磷酸钙 10~30 千克。沙打旺苗期生长缓慢，不耐杂草，苗齐以后要中耕除草，到封垄时要除净。两年以后的沙打旺地块要在返青以及每次收割后进行中耕除草一次。沙打旺不耐涝，要及时排水防涝。干旱期要及时进行灌溉，以提高产量以及品质。沙打旺再生能力较强，每次刈割后要及时灌溉和施肥。

⑤ 收获时间　沙打旺在株高 40~50 厘米时放牧，每次每亩放牧羊 5~6 只，吃去上半部为止，一般 30~40 天放牧一次。沙打旺有异味，羊一般不会过食，无患膨胀症之虑。在株高 50~60 厘米时刈割，供牛、羊等舍饲利用。调制干草在现蕾期至开花初期刈割；青贮在开花至结荚期刈割。留茬 4~6 厘米。北方

无霜期短，第一次收割必须保证有 30～40 天的再生期；第二次在霜冻枯死前收割。种植当年割一次，两年以后每年割两次。在东北中部和北部及内蒙古北部各地，一年只能割一次，茬地放牧一次。

（3）成效　沙打旺为高产牧草，种植 2～4 年，每年可收割鲜草 2～3 次，亩产鲜草 2 000～4 000 千克、种子 25～50 千克。沙打旺营养丰富，花期干物质含量为 25％，干物质中总能为18.4 兆焦/千克、消化能（猪）9.49 兆焦/千克、可消化粗蛋白99 克/千克、粗纤维 38.4％、钙 0.48％、磷 0.19％。富含各种氨基酸，现蕾开花初期赖氨酸、蛋氨酸、色氨酸含量分别为0.66％、0.08％、0.10％，粗蛋白 15.1％。沙打旺可青饲、放牧、调制干草或晒制草粉，也可用沙打旺与青割玉米或禾本科草混合制作青贮饲料。

沙打旺根部发达，固氮能力强，改良土壤结构、提高土壤肥力的效果显著。种植第四年可在土地中留下不少于 5 吨/亩的有机物。开花初期的沙打旺，根中含氮 1.58％、磷 0.25％、钾0.43％。种过沙打旺的地，残留的肥效可持续 3～5 年，使下茬作物增产 20％以上。

沙打旺还是防风、固沙、固土的优良水土保持和治沙植物。在风沙蚀地、冲刷沟壑、渠堤坡面等流失地种植，可获得最大的水土保持效益。

41. 王草种植的技术特点如何？

（1）概述　王草是多年生丛生性高秆禾草，由象草和美洲狼尾草杂交育成。根系发达，植株高大，茎秆形似甘蔗，株高1.5～5 米。茎直立丛生，有 20～30 个茎节，节间短。叶互生，叶片宽大，呈长条形。花序密集，呈穗状。种子成熟时容易脱落，种子发芽率低，实生苗生长极为缓慢。王草具有易栽培、抗逆性强、产量高、营养价值高、草质不易老化、适口性好、饲用率高的特点，是牛、羊的理想饲料（图 3-7）。

图 3-7　王草

（2）特点

① 适种地区　王草喜温暖湿润的气候条件，不耐严寒，耐干旱，但长期渍水及高温干旱条件下生长不良。对土壤的适应性广泛，在酸性红壤或轻度盐碱土上生长良好，尤其在土层深厚，有机质丰富的壤土至黏土上生长最盛。在水源不保障的荒坡、山地、大田、堤坝、房前屋后、田边地角都可种植。我国在海南、广东、广西广泛栽培，江苏、福建、云南、湖南也引种种植。

② 播种方式　采用无性繁殖，将种茎砍成段，每段含两个芽即可，不要过长，否则种植后种茎翘起露出地面，不利于发芽生长。行距 80 厘米，株距 15～20 厘米，深 15～20 厘米。种茎与地面呈 45 度角斜插，下种后每亩施腐熟基肥 1 000 千克或复合肥 10 千克，然后盖土 10 厘米，用脚轻踩，使种茎与土壤紧贴密实。

③ 种植要求　王草属于热带牧草，喜高温，在 12～15 ℃时才开始生长。以雨季开始时种植为宜，长江中下游地区可在 3～4 月进行栽种，海南、广东、广西等一年四季均可栽种。栽种要选择土层深厚、疏松肥沃、排水良好的土壤，翻耕平整，耙土细碎。植后第一个月，进行除草、松土。

④ 田间管理　王草分蘖力强，当幼苗达 5 个以上、主芽长到 30 厘米高时，宜追施氮肥，每亩施尿素 7.5 千克或农家肥 1 000 千克，以促进茎苗生长发育。每次刈割后追施氮肥 1 次，一般每亩施尿素 7.5 千克。要及时除去杂草，进行 1～2 次中耕

除草，一般在苗高 50 厘米左右开始进行。王草对水要求较高，苗期应经常浇水。

⑤ 收获时间　青饲时，一般株高 1.5 米即可收割，留茬高度为 5～10 厘米，生长旺季 20～30 天可割一次，每年割 4～5 次。若大面积栽培，一时饲用不完，可制作青贮料或晒制干草。但至 11 月中旬，茎苗不宜再割，以便茎苗有机会进行足够的生长，储备养分，增强抗寒能力，顺利越冬。留种的也必须在 11 月开始停割，以利于茎秆拔节老化，种茎坚实，待来年开春作种用。

（3）成效　王草的生长速度快、产量高，种下 2 个月即可收割，一年可割 6～8 次，亩产 15～30 吨。王草营养丰富，粗蛋白含量高达 12%，水分为 82.9%，粗纤维 27.3%，是牛、羊等草食动物的良好饲料，每亩可养 5 头牛、50 只羊。

42. 羊草种植的技术特点如何？

（1）概述　羊草是多年生禾本科牧草，又名碱草，是我国北方地区的优良牧草。羊草叶量多、营养丰富、适口性好，肉羊一年四季均喜食，有"牲口的细粮"的美称。羊草秆散生，直立，高 40～90 厘米，根茎发达，有很强的无性更新能力。早春返青早，生长速度快，秋季休眠晚，青草利用时间长，生育期可达 150 天左右，能在较长的时间内提供较多的青饲料。生长年限长达 10～20 年（图 3-8）。

（2）特点

① 适种地区　羊草抗寒、抗旱、耐盐碱、耐土壤

图 3-8　羊　草

瘠薄,适应范围很广。多生于开阔平原、起伏的低山丘陵、河滩及盐碱低地。在冬季 $-40\ ℃$ 可安全越冬,年降水量 250 毫米的地区生长良好。羊草喜湿润的沙壤质栗钙土和黑钙土,在 pH $5.5\sim9.4$ 时都可生长,最适 pH 为 $6\sim8$。在排水不良的草甸土或盐化土中亦生长良好,但不耐水淹,长期积水会大量死亡。羊草在湿润年份,茎叶茂盛常不抽穗;干旱年份,草高叶茂,能抽穗结实。我国东北松嫩平原及内蒙古东部为其分布中心,河北、山西、河南、陕西、宁夏、甘肃、青海、新疆等省(自治区)亦有分布。最适宜于东北、华北种植。

② 播种方式　羊草春、夏、秋季均可播种,春播 3 月下旬或 4 月上旬播种,夏播于 5 月下旬或 6 月上旬播种,秋播不得迟于 8 月下旬。每公顷播种量为 $37.5\sim42.5$ 千克,行距 $15\sim30$ 厘米,覆土 $2\sim3$ 厘米。播后及时镇压,以利出苗。羊草易与苜蓿、沙打旺、野豌豆等混播,能提高其产量和品质以及土壤肥力。

③ 种植要求　羊草选地不严,除贫瘠的岗坡和低温内涝地外,均可种植。以土层深厚、有机质多的土壤和砂质壤土为最好。要求采取良好的整地措施以达到良好的整地质量,秋翻地,其深度 20 厘米以上,翻后及时耙地和压地。播前要清选种子,并做种子纯度、净度、发芽率检验,使其达到播种品质标准要求。

④ 田间管理　羊草利用年限长,生长快,产量高,需肥多,必须施足基肥,以 37 000~45 000 千克/公顷施半腐熟的堆、厩肥。及时追肥,增施磷肥和硼肥还可提高结实率、增加种子产量和提高种子品质。羊草苗期生长十分缓慢,易被杂草抑制,要及时消灭杂草。羊草长到 5~6 年后,应进行翻耙更新,恢复生产力。

⑤ 收获时间　羊草可放牧利用、青饲和青贮,主要供调制干草用。在 4 月中旬株高 30 厘米左右开始放牧,到 6 月上中旬抽穗后,质地粗硬,适口性降低,应停止放牧。调制干草宜在孕

穗至开花初期，根部营养蓄积量较多的时期收割。割后晾晒，1天后，先堆成疏松的小堆，使之慢慢阴干，待含水量降至16％左右，即可集成大堆，运回贮藏。

（3）成效　羊草经济价值高，花期前期粗蛋白含量占干物质的11％以上，分蘖期高达18.5％，且矿物质、胡萝卜素含量丰富，每千克干物质中含胡萝卜素49.5～85.8毫克。调制成干草后，粗蛋白含量仍能保持在10％左右。羊草产量高，增产潜力大，在良好的管理条件下，一般每公顷产干草3 000～7 500千克，产种子150～375千克。羊草气味芳香、适口性好、耐储藏。干草可制成草粉或草颗粒、草块、草砖、草饼，供作商品饲料。羊草根茎穿透侵占能力很强，且能形成强大的根网，盘结固持土壤作用很大，是很好的水土保持植物。羊草的茎秆也是良好的造纸原料。

43. 牧草制干技术有哪些特点？

（1）概述　牧草制干技术是指在牧草的质和量兼优时期刈割，通过自然或人工干燥方法使刈割后的新鲜饲草迅速处于生理干燥状态，细胞呼吸和酶的作用逐渐减弱直至停止，饲草的养分分解很少，达到长期保存的技术。牧草制干过程一般分为两个阶段，第一阶段从饲草收割到水分降至40％左右，此时，细胞尚未死亡，呼吸作用继续进行；第二阶段饲草水分从40％降至17％以下，此时，饲草细胞的生理作用停止，多数细胞已经死亡，呼吸作用停止，微生物的繁殖活动也趋于停止。所以，在牧草制干时，首先要掌握适宜的刈割时间，一般禾本科牧草在抽穗到开花期收割，豆科牧草在孕穗至开花期收割，产量和质量均较高；其次选择合理的制干方法，一般分为自然干燥和人工干燥；第三掌握制干牧草的含水量，一般保持在15％～17％。目前，生产中常用的牧草制干技术分为自然干燥和人工快速干燥良种，自然干燥又分为地面干燥和草架干燥。制成的青干草应保有大量的叶、嫩枝和花序，具有深绿的颜色和芳香的气味。

将牧草制成青干草，可有效解决饲草生产的季节性与饲草需要相对稳定之间的矛盾，提高牧草的利用价值和利用率。

（2）特点

① 适时加工调制，有效保存饲草的营养价值　无论是人工栽培的牧草，还是天然的牧草，伴随其生长、成熟，牧草自身的化学成分和营养价值也在发生变化。从最佳营养价值利用的角度，对牧草进行适时的收获、加工调制，可最大限度地保存饲草的营养价值。

② 因牧草特性，选择合适的加工调制方法　如豆科牧草叶片、叶柄容易干燥，而茎秆的干燥速度较慢，在晾晒、打捆、搬运时，叶极易脱落，而叶正是营养含量最丰富的部分，为减少营养损失，提高牧草品质，宜选择人工快速干燥法或压扁干燥法制干。

③ 牧草制干须掌握的原则　一是尽量加速牧草的脱水，缩短干燥时间，以减少由于生理、生化作用和氧化作用造成的营养物质损失，尤其要避免雨淋；二是在干燥末期应力求牧草各部分的含水量均匀；三是牧草在干燥过程中，应尽量避免在阳光下长期曝晒；四是集草、堆集、压捆时，应在牧草细嫩部分尚不易折断时进行（图 3-9）。

图 3-9　青干草压捆收获

④ 自然干燥法调制干草工艺　一般工艺流程为：刈割牧草—压扁、切断—铺成薄长条曝晒 4～5 小时—水分降到 40% 左右时，将 2 行草垄并成 1 行，晚间或早晨进行一次翻晒 4～5 天—全干收贮。此法分为压扁干燥

和普通干燥，压扁干燥比普通干燥的牧草干物质损失减少 1/3～
1/2 倍，碳水化合物损失减少 1/3～1/2 倍，粗蛋白损失减少
1/5～1/3，这种方法最适于豆科牧草，可以减少叶片脱落，减少
阳光曝晒时间，减少养分损失。

⑤ 人工快速干燥法调制干草工艺　牧草人工干燥法分为通
风干燥法和高温快速干燥法两种。通风干燥法一般需要建造干草
棚，棚内设有电风扇、吹气机、送风器和各种通风道，也可在草
垛的一角安装吹风机、送风器，在垛内设通风道。借助送风，对
刈割后在地面预干到含水 50% 的牧草进行不加温干燥。高温快
速干燥法需要烘干机，将切短的牧草快速通过高温干燥机，将送
入牧草干燥滚筒的空气温度加热到 80 ℃ 左右，2～5 秒后，牧草含
水量从 70% 左右迅速降到 10%～15%。整个干燥过程由恒温器和
电子仪器控制。用此法调制的干草可保存 90% 以上的牧草养分。

（3）成效　牧草经过制干后，仍能保持丰富的营养和较高的
饲用价值。中等质量的苜蓿干草，其总可消化养分达 57.6%、
粗蛋白为 14.1%。多年生黑麦草采用地面晾晒干燥，其粗蛋白
含量为 9.9%、粗脂肪 1.4%、粗纤维 36.2%。而采用架上干燥
的干草，其粗蛋白含量为 12.1%、粗脂肪 1.6%、粗纤维
32.4%，说明架上干燥更能保存牧草的营养价值。牧草制干后有
机物消化率可达 46%～70%，粗纤维消化率 70%～80%，维生
素 D 含量 100～1 000 国际单位/千克，蛋白质具有较高的生物学
效价，山羊、绵羊从干草中获得的能量占总能食入量的 1/4～1/3。
因此，青干草是肉羊营养较平衡的粗饲料，是日粮中能量、蛋白
质、维生素的主要来源。除此，青干草还在肉羊生理上起着平衡
和促进胃肠蠕动作用，是肉羊日粮中的重要组成部分。

44. 青贮技术有哪些特点？

（1）概述　青贮是将饲草刈割后在无氧条件下贮藏，经乳酸

菌发酵产生乳酸后抑制其他杂菌生长，使饲草得以保存的方法。青贮分为高水分青贮和低水分青贮，高水分青贮指青贮用饲草不经晾晒直接进行青贮，原料含水量可达 75％，低水分青贮是将青贮用的饲草晾晒到含水量 40％～50％时进行青贮。青贮设备可用青贮窖、青贮塔和塑料袋等。

青贮的步骤：

① 适时收割　禾本科牧草在孕穗到抽穗期，带果穗的玉米在蜡熟期收割，豆科牧草在现蕾到开花期收割。

② 切碎、装填和镇压　禾本科牧草和豆科牧草切成 2～3 厘米长，玉米秸等切成 0.4～2.0 厘米长。

③ 密封　原料装填完后立即密封。

制作青贮时必须踩紧压实，排出空气，密封防止漏气；发酵温度控制在 19～37 ℃；掌握适宜的含水量，禾本科牧草控制在 65％～75％，豆科牧草控制在 60％～70％；原料需含有一定量的糖分，禾本科牧草，如玉米含糖量高，可单独青贮，豆科牧草，如苜蓿、草木樨、三叶草等含糖量低，不宜单独青贮，应与禾本科牧草或饲料作物混合青贮。

制成的青贮料应具有芳香醇酸味、绿色或黄色、湿润、紧密等特质。青贮饲料可有效解决饲草生产的季节性与饲草需要相对稳定之间的矛盾，保证全年均衡供给（图 3-10 至图 3-12）。

图 3-10　青贮切碎

图 3-11　青贮压实

（2）特点

① 选择合适的原料进行青贮　理想的青贮原料应富含可供乳酸菌发酵的碳水化合物，含有适当的水分，易于压实等特点。如全株玉米、多花黑麦草、鸭茅、羊草、燕麦、紫花苜蓿、白三叶、白花草木樨、苏丹草、柱花草等均是较好的青贮原料。

图 3-12　青贮密封

② 选择适宜的青贮容器　目前，生产中常用的青贮容器主要有堆积式青贮、青贮塔、青贮窖、青贮壕和拉伸膜裹包青贮等几种类型。

堆积式青贮是指在平坦干燥的地面上垂直堆成 2～3 米高的草堆，用塑料膜覆盖在压实后的青贮料上，之后在垛顶和草堆周围压上旧橡胶轮胎，并在草堆外围放置沙袋，以防塑料膜被风揭开。青贮塔是经过专业技术设计，由混凝土、钢铁或木头建造成的圆柱形建筑，适用于饲养规模较大、经济条件较好的饲养场，一般青贮塔直径 4～6 米，高 13～15 米，塔顶有防雨设备，塔身一侧每隔 2～3 米留一个 60 厘米×60 厘米的窗口，装料时关闭，用完后开启。原料由塔顶装入、取料由底层取出，是目前保存青贮料最有效的方法之一。青贮窖是我国农村普遍使用的容器，可分为半地下式和地上式两种。长方形窖宽 1.5～3.0 米、深 2.5～4.0 米，长度根据需要而定，超过 5 米以上时，每隔 4 米砌一横墙，以加固窖壁。青贮壕适用于大规模养殖场，一般宽 4～6 米，深 5～7 米，地上至少 2～3 米，长 20～40 米，必须用砖、石、水泥建筑永久窖。拉伸膜裹包青贮是指将收获的新鲜牧草用打包机高密度压实打捆，然后用专用青贮塑料拉伸裹包起来，造成一个最佳的发酵环境。塑料袋青贮是指用质量较好的塑料薄膜制成袋，装填青贮原料，袋口扎紧，堆放在羊舍，使用很方便。

③ 选择适宜的青贮工艺　目前，常用的青贮工艺有高水分青贮、普通青贮、半干青贮、混合青贮和添加剂青贮等几种。

高水分青贮指被刈割的青贮原料未经田间干燥即行贮存，一般情况下含水量 70％以上。此法的优点是原料不经晾晒，减少了气候影响和田间损失，作业简单，效率高；缺点是高水分对发酵过程有害，容易产生品质差和不稳定的青贮料。

普通青贮是将原料适时收割，如禾本科牧草在孕穗到抽穗期，调节水分，禾本科控制在 65％～75％，豆科 60％～70％，随后切碎、压实、密封。

半干青贮也称低水分青贮，主要用于牧草，特别是豆科牧草。首先通过晾晒或混合其他饲料使其含水量达到半干青贮的条件，应用密封性强的青贮容器，切碎后快速装填，从而达到稳定青贮饲料品质的目的。

混合青贮指将两种以上的青贮原料进行混合，彼此取长补短，不但容易青贮成功，还可调制出品质优良的青贮饲料。如甜菜叶、块根块茎类、瓜类与农作物秸秆或糠麸等混合青贮，豆科牧草与禾本科牧草混合青贮，沙打旺与玉米秸秆混合青贮，苜蓿与玉米秸秆混合青贮等。

添加剂青贮是在青贮过程中加入添加剂，目前主要用尿素等营养性添加剂青贮，目的是改善青贮饲料的营养价值。如在玉米青贮饲料中添加 0.5％的尿素，粗蛋白可提高 8％～14％。

④ 合理利用青贮饲料　原料不同，青贮饲料的营养价值也不同，必须与精料和其他饲料按肉羊营养需要合理搭配饲用。第一次饲喂青贮饲料时，可将少量青贮饲料放在食槽底部，上面覆盖一些精饲料，等肉羊慢慢习惯后，再逐渐增加饲喂量，妊娠肉羊应适当减少青贮饲料喂量，以防引起流产，冰冻的青贮饲料，解冻后再用。生产实践中，应根据青贮饲料的品质来确定适宜

的日喂量，每只成年羊喂 2～4 千克/天，每只羔羊喂 400～600 克/天。

（3）成效

① 青贮能有效地保存饲草的营养价值　优良的青贮饲料与青贮原料相比，营养价值只降低 3%～10%，如新鲜的甘薯藤每千克干物质中含有 158.2 毫克的胡萝卜素，经 8 个月青贮后，仍然可保留 90 毫克。青贮玉米秸比风干玉米秸粗蛋白高 1 倍，达 8.2%；粗脂肪高 4 倍，达 4.6%；粗纤维低 7.5 个百分点，为 30.1%。多年生黑麦草经青贮后，干物质含量为 190 克/千克、蛋白氮 235 克/千克、水溶性碳水化合物 10 克/千克；青贮玉米干物质含量为 285 克/千克、蛋白氮 545 克/千克、水溶性碳水化合物 16 克/千克。

② 青贮能提高饲草的适口性和消化率　青贮料具有酸甜清香味，从而提高了适口性；另外，青贮饲料的能量、蛋白质、粗纤维消化率与同类干草相比均高，且青贮饲料干物质中的可消化粗蛋白、总可消化养分和消化能含量也高：青贮饲料能量和粗蛋白消化率分别为 59%、69%，而自然干草为 58%、66%；青贮饲料和自然干草的可消化蛋白质分别为 11.3%、10.1%，总可消化养分分别为 60.5%、57.3%，消化能分别为 11.59 兆焦/千克、10.71 兆焦/千克。

另外，青贮可以扩大饲料来源，有利于肉羊业发展。而且调制青贮饲料不受气候条件的影响，并可长期保存。

45.　如何对秸秆饲料进行加工调制？

（1）概述　秸秆饲料是一种潜在的非竞争资源，是我国最丰富的饲料来源之一，分为禾本科作物秸秆、牧草秸秆和其他作物秸秆。稻草、小麦秸、玉米秸是我国三大作物秸秆，秸秆产量达 7 亿吨。目前，仅 20%～30% 作为草食家畜的饲料。充分开发利用此类资源，对建立"节粮型"畜牧业结构具有重要意义。秸秆的粗纤维含量高、粗脂肪和粗蛋白含量低，从营养学角度讲，其营养价值极低，但在粗饲料短缺时，经过适当处理，可提高其适口性和营养价值。秸秆调制方法主要为物理法、化学法和生物法。

（2）特点

① 充分认识秸秆饲用的限制因素　秸秆因其特殊的化学组成成分，造成了其营养价值低、消化率低，表现在纤维素类物质含量高、粗蛋白含量低、消化能低、缺乏维生素、钙磷含量低等，秸秆的消化能只有 7.8～10.5 兆焦/千克，只相当于干草的一半；羊对秸秆的消化率为 40%～50%。

② 秸秆饲料的加工方法　采用适当的加工方法，以提高秸秆的营养价值，改善其适口性。目前可采用物理方法、化学方法、生物方法处理秸秆。

物理加工方法包括机械加工、热加工、浸泡等方法。机械加工是指利用机械将粗饲料铡短、粉碎或揉碎，是秸秆利用最简便而又常用的方法，即将干草和秸秆切短至 2～3 厘米长，或用粉碎机粉碎，但不宜粉碎得过细，以免引起反刍停滞，降低消化率。加工后便于肉羊咀嚼、提高采食量，并减少饲喂过程中的饲料浪费。热加工主要指蒸煮和膨化，目的是软化秸秆，提高适口性和消化率。蒸煮可采用加水蒸煮法和通气蒸煮法。膨化是将秸秆置于密闭的容器内，加热加压，然后突然解除压力，使其暴露在空气中膨胀，从而破坏秸秆中的纤维结构并改变某些化学成分，提高其饲用价值的方法。浸泡的方法是在 100 千克水中加入食盐 3～5 千克，将切碎的秸秆分批在桶或池内浸泡 24 小时左右，目的是软化秸秆，提高其适口性。

化学加工法是利用酸、碱等化学物质对秸秆进行处理，降解秸秆中木质素、纤维素等难以消化的成分，从而提高其营养价值、消化率和改善适口性。目前，主要采用氨化处理方法，分为窖池式、堆垛和袋装氨化法。氨源常用尿素和碳酸氢铵,尿素是一种较好的氨化剂,使用量为风干秸秆的 2%～5%,使用时先将尿素溶于少量的温水中,再将尿素倒入用于调整秸秆含水量的水中,然后将尿素液均匀地喷洒到秸秆上;使用碳酸氢铵氨化时,将 8 千克碳酸氢铵溶于 40 升水,均匀撒于 100 千克麦秸粉或玉米秸粉中,再装入小型水泥池或大塑料袋中,踏实密封,经 15～30 天后即可启封取用。氨化处理要选用清洁、无发霉变质的秸秆,并调整秸秆的含水量至 25%～35%。氨化应尽量避开闷热时期和雨季,当天完成充氨和密封,计算氨的用量一定要准确。

生物学加工法是利用乳酸菌、酵母菌等有益微生物和酶进行处理的方法。它是接种一定量的特有菌种以对秸秆饲料进行发酵和酶解作用,使其粗纤维部分降解转化为可消化利用的营养成分,并软化秸秆,改善其适口性、提高其营养价值和消化利用率。处理时将不含有毒物质的作物秸秆及各种粗大牧草加工成粉,按 2 份秸秆草粉和 1 份豆科草粉比例混合,拌入温水和有益微生物,整理成堆,用塑料布封住周围进行发酵,室温应在 10 ℃以上。当堆内温度达到 43～45 ℃,能闻到曲香味时,发酵成功。饲喂时要适当加入食盐,并要求 1～2 天内喂完。

③ 合理利用加工后的秸秆 机械加工后的秸秆饲料可直接用于饲喂,但要注意与其他饲料配合;浸泡秸秆喂前最好用糠麸或精料调味,每 100 千克秸秆加入糠麸或精料 3～5 千克,如果再加入 10%～20% 的优质豆科或禾本科干草效果更好,但切忌再补饲食盐;氨化秸秆取喂时,应提前 1～2 天将其取出放氨,初喂时可将氨化秸秆与未氨化秸秆按 1∶2 的比例混合饲喂,以后逐渐增加,饲喂量可占肉羊日粮的 60% 左右,但要注意维生素、矿物质和能量的补充,以便取得更好的饲养效果。

(3)成效 秸秆饲料经过加工调制后,可改善其适口性、提高营养价值和消化利用率。秸秆切短后直接喂羊，吃净率只有70%，但使用揉搓机将秸秆揉搓成丝条状直接喂羊，吃净率可提高到 90%以上。秸秆进行热喷处理后，采食率提高到 95%以上，消化率达到 50%，利用率可提高 2～3 倍。秸秆氨化处理后可使粗蛋白从 3%～4%提高到 8%以上，消化率提高 20%左右，采食量也相应提高 20%左右。秸秆经氨化处理后，有机物质的消化率由原来的 42.4%提高到 62.8%，粗纤维的消化率由原来的53.5%提高到 76.4%。添加尿素的秸秆热喷处理后，玉米秸秆的消化率达到 88.02%、稻草达 64.42%。秸秆制成颗粒，由于粉尘减少，体积压缩，质地硬脆，颗粒大小适中，利于咀嚼，改善了适口性，从而诱使肉羊提高采食量和生产性能。

46. 成型牧草饲料加工技术有哪些特点？

（1）概述 成型牧草饲料指将牧草或秸秆粉碎成草粉、草段后，使用专用的加工设备将其加工成颗粒状、块状、饼状或片状等固型化的牧草饲料。其中，以颗粒饲料应用最广泛。近年来，复合型秸秆颗粒饲料在绵羊、山羊的饲养实践中获得了较好的效果，苜蓿草颗粒作为主要的牧草成型饲料已得到推广与应用（图 3 - 13）。成型牧草饲料要求的生产工艺条件较高，生产成本有所增加，但与粉、散装牧草饲料相比，优点明显：①保持了牧草、配合饲料和混合饲料各组成成分的匀质性；②可提

图 3 - 13 苜蓿草颗粒

高牧草饲料的采食量、消化率和适口性；③提高肉羊的生产性能；④可减少贮藏和运输的成本，提高贮藏稳定性。

（2）特点

① 颗粒饲料产品的要求　形状均一、硬度适宜、表面光滑、碎粒与碎块不多于 5%，产品安全储藏的含水量低于 12%～14%。用于肉羊的牧草颗粒大小为 6～8 毫米。

② 颗粒牧草饲料的加工工艺　选择原料—粉碎—计量混合—制粒—成品。原料粉碎的粒度应根据原料品种及饲喂的畜禽种类而定，分为一次粉碎和循环粉碎两种方法，大型牧草饲料加工厂多采用循环粉碎。配料时应按照科学饲料配方的要求，对不同种类的牧草饲料进行准确称量配制，并混合均匀。采用调制器对牧草饲料进行调制，软化牧草饲料，使牧草饲料中的淀粉糊化，增加牧草饲料的黏结力，有利于颗粒成型。

③ 干草块的加工工艺　干草块是将牧草切短或揉碎，而后经特定机械压制而成的高密度块状饲料。外形大小为 30 毫米×30 毫米，密度一般为 500～900 千克/米³。其成型加工的基本工艺包括：原料的机械处理、原料的化学预处理、添加营养补充料、调制、成型和冷冻 5 个方面。先将原料切成 20～30 毫米长度；原料为秸秆时，对其进行化学预处理，常用氨化或碱化处理原料，以提高干草块的适口性和可消化性，改善其营养品质；补充适宜的青绿饲料、能量饲料、矿物质饲料、微量元素和维生素添加剂等，以便调制出营养平衡的秸秆块状饲料；调制过程包括物料加水、搅拌和导入蒸汽熟化等工艺，较适宜的压制物料含水量为豆科牧草 12%～18%、禾本科牧草 18%～25%、秸秆 20%～24%，为改善物料的压块性能，即使原料本身的含水量已达到要求，也必须加入少量的水（图 3-14）。

图 3-14　苜蓿草块

④ 成型牧草饲料的贮藏　一般成型牧草饲料的安全贮藏含

水量应为 11%~15%，南方地区应控制在 11%~12%、北方地区应控制在 13%~15%；添加防腐剂；保持通风，注意防潮。

⑤ 成型牧草饲料的利用　用颗粒饲料喂羊能增加采食量，促进其生长发育，增重快，如饲喂育肥羊，平均日增重达 115 克/只。一般绵羊对颗粒牧草饲料的采食率为 90%~100%，而对照仅为 70%左右。

（3）成效　草颗粒、草块、精料颗粒料减少了利用时的浪费，不仅提高了饲草料的利用率，也提高了消化利用率；饲喂损失减少 10%左右、饲草消化率提高约 10%。如浙江大学动物科学学院进行了"生长肉羊稻草秸秆颗粒化全混合日粮的研究"，他们将稻草秸秆揉碎过 22 毫米筛，经碱复合处理后立即按 40：60 精粗比与精料混合，调制加工成颗粒化全混合日粮，饲喂波尔杂二代山羊。饲喂结果表明：碱复合处理和颗粒化能有效提高全混合日粮的消化率，改善其营养价值，有效促进断奶波尔杂二代山羊的生长性能，改善其胴体性状和肉品质，并对羊肉的安全性无不良影响。

47. 混合日粮配制有哪些技术要点?

（1）概述　羊的日粮是指一只羊在一昼夜内采食各种饲料的总和。肉羊混合日粮配制技术是指把揉碎的粗料、精料和各种添加剂配制成满足肉羊生理生长和生产营养需要的一种混合物的技术。该技术有利于开发利用原来单独饲喂时适口性差的饲料资源，从而扩大饲料来源，降低饲养成本，并有利于因地制宜地开发尚未利用的饲料资源。

混合日粮在配制时首先要对原料营养成分进行测定；其次根据原料组成、营养成分、饲养标准进行配方设计，即根据肉羊不同生理、生长阶段的饲养标准和饲料营养成分，借助计算机，通过线性规划原理，求出营养全价且成本低廉的最优日粮配方；最后是对原料要准确称量和充分混合，混合时投料顺序一般为：干草（长干草要切短）—精料（包括添加剂）—青贮料，混合时间4～6分钟。

（2）特点

① 针对性强　混合日粮是羊的完全日粮，故具有明确的针对性，需要根据肉羊生理阶段、生产性能进行分群饲喂，每一个群体的日粮配方各不相同，需要分别对待。这要求养殖场的技术人员有高度责任心。

② 原料复杂　与单胃动物日粮配方设计不同的是，组成单胃动物日粮的各种饲料原料均为风干物质，在特定生理期内只有一种饲粮营养水平；而肉羊的日粮组成含干、青、精、粗物料，较为复杂，有干、鲜两种计量指标，稍不注意就会发生较大偏差。如在代谢试验中，每只羊（每个代谢笼）要求提供100克干物质的青贮玉米，折青后为400克鲜重，因而计算时要根据物料含水量多少进行折算。

③ 配合原则　首先必须根据营养需要和饲养标准，明确养殖目标，并结合饲养实践予以灵活运用，使其具有科学性和实用性；其次要兼顾日粮成本和生产性能的平衡，必须考虑肉羊的生理特点，因地制宜，选用适口性强，营养丰富且价格低廉，经济效益好的饲料，确定出稳定的精粗比；最后要测料配方，对于具体的养殖目标来说，其营养需要量是明确、唯一的，由于原料受产地、季节、收获期、加工的影响，其养分含量差异较大，这就需要对每一种可配原料进行实际检测，在每一种参配原料营养成分明确的基础上设计日粮配方。

④ 配方设计步骤　第一步，明确饲养目标，根据肉羊群的平均体重、生理状况及外界环境因素等确定每天每只肉羊的营养需要量。第二步，根据当地粗饲料的来源、品质及价格最大限度地选用粗饲料，也就是确定精粗比。一般粗饲料的干物质采食量占体重的2%～3%，青绿饲料需要转化成风干物质的量，一般

可按 4 千克折合 1 千克青干草和干秸秆计算，以确定各类粗饲料干物质的喂量。第三步，根据羊只每日的总营养需要与粗饲料所提供的养分之差计算应由精料提供的养分含量。第四步，确定混合精料的配方。第五步，根据日粮干物质配方，再把青绿饲料（含青贮）干物质数量换算成实际鲜重，可获得肉羊的日粮配方。

（3）成效　混合日粮的应用，可产生以下效果：可满足肉羊不同的生长发育阶段不同的营养需要，有利于根据肉羊生产性能的变化调节日粮，控制生产；同时，在不降低其生产性能的前提下，有效地开发和利用当地尚未充分利用的农副产品和工业副产品等饲料资源；有利于进行大规模的工业化生产，减少饲喂过程中的饲草浪费，使大型养殖场的饲养管理省时省力，有利于提高规模效益和生产劳动率；可以显著改善日粮的适口性，有效防止肉羊挑食，从而提高肉羊干物质的采食量和日增重；可以有效防止肉羊消化系统机能的紊乱，全混合日粮含有营养均衡、精粗比适宜的养分，肉羊采食全混合日粮后瘤胃内可利用碳水化合物和蛋白质分解更趋于同步；同时又可以防止肉羊在短时间内因采食过量精料而引起瘤胃 pH 突然下降；还能维持瘤胃微生物的数量、活力及瘤胃内环境的相对稳定，使瘤胃内发酵、消化、吸收及代谢正常进行，有利于饲料利用率及乳脂率的提高，并减少了真胃移位、酸中毒、食欲不良及营养应激等疾病发生的可能性。

四、羊场建设与环境控制

48. 羊场的场址选择要考虑哪些因素？

场址选择关系到养羊成败和经济效益，也是羊场设计遇到的首要问题。选择羊场场址时，应对地势、地形、土质、资源，以及居民点的配置、交通、电力等物资供应条件进行全面考虑。场址选择除考虑生产规模外，应符合当地土地利用规划的要求，充分考虑羊场的饲草、饲料条件。较为理想的场址选择应具备下述基本条件。

（1）地势地形　地势要高燥，建场地的地下水位一般应在 2 米以下，平坦，背风向阳，排水良好，通风干燥，可有适当的缓坡，坡度一般为 1%～3% 为宜。使羊只处于较干燥、通风的凉爽环境中，不能在低洼涝地、水道、风口处和深谷里建场。

羊场地形要求开阔、整齐、有足够的面积。

（2）土壤　壤土是羊场理想的建筑用地。壤土的特性介于沙土和黏土之间，易于保持干燥，土温较稳定，膨胀性小，自净能力强，对羊只健康、卫生防疫和饲养管理工作都比较有利。

（3）水源　饮用水的质量对于羊的健康非常重要，饮用水应该清洁、安全、无污染，不经过任何处理或净化消毒处理，符合畜禽饮水水质标准。羊场的水源要求水流充足，能够满足场内各项用水，便于防护，取用方便。可选择地下水或地表水，饮水以泉水或井水最好，洁净的溪水也好，不能在水源严重不足或水源严重污染的地区建场。井水水源周围 30 米、江河取水点周围 20 米、湖泊等水源周围 30～50 米内不得建厕所、粪池、污水坑和垃圾堆等污染源，羊舍与井水源也应保持

30 米以上的距离。

（4）饲草、饲料条件　在建羊场时要充分考虑放牧场地与饲草、饲料条件。在北方牧区和农牧结合区，要有足够的四季牧场和打草场；在南方草山草坡地区，要有足够的轮牧草地；而以舍饲为主的农区和垦区，必须要有足够的饲草、饲料基地或便利的饲草来源，饲料要尽可能就地解决。

（5）便于防疫　主要设施及羊舍应距公路和铁路交通干线和河流 500 米以上。要远离有传染病的疫区及活畜市场、食品加工厂和屠宰场。场内兽医室、病羊隔离室、贮粪池、尸坑等应位于下风方向，距主设施 500 米以上。各类圈舍与设施有一定的间隔距离。另外，羊场应远离居民区，以防污染环境。

（6）交通供电方便　交通便利，通讯方便，有一定能源供应条件。

49. 羊场包括哪些基本设施？

（1）饲槽、饮水器和草架

饲槽：移动式长方形饲槽、悬挂式饲槽、固定式饲槽、栅栏式长形饲槽等。

饮水设备：饮水槽和自动饮水器。

草架：防止羊只采食互相干扰，造成浪费。

（2）饲草加工设备

青贮饲料加工设备：联合收割机、铡草机。

粗饲料加工机械：粉碎机、压块机（粗饲料调制过程）、揉碎机。

粗饲料处理方法：切断（1～2 厘米）、蒸汽处理、化学处理。

牧草收割机械：按用途可分为割草机、搂草机、捡拾压捆机、集垛机等。

配合饲料制作机械：饲料粉碎机、混合机、制粒机等。

（3）药浴设施和机械

药浴种类：浸浴型、喷浴型。

药浴池种类：水泥药浴池、帆布药浴池、喷淋式药浴。

药浴池一般用水泥筑成，形状为长方形水沟状。池深1米左右，长10～15米，底宽30～60厘米，上宽60～100厘米。池的入口端为陡坡；出口一端用石、砖砌成或栅栏围成储羊圈，出口一端设滴流台，羊出浴后，可在滴流台上停留片刻，使身上的药液流回池内。

注意事项：先让健康羊药浴，有疥癣羊后浴；在药浴前8小时停止喂料，在药浴前2～3小时给羊充足饮水；药浴在剪毛后的7～10天进行，第一次药浴后隔6～8小时再进行一次；药浴时，工作人员应控制绵羊前进；妊娠两个月以上母羊不进行药浴；牧羊犬也要药浴。

（4）各种栅栏及其他设备

各种栅栏：母仔栏、羔羊补饲栏、活动分群栏、活动围栏。

其他设备：剪毛设备、兽医室用具、人工授精室用具。

（5）饲料青贮设施

青贮的类型：全地下式和半地下式。特点是结构简单，成本低，容易推广。

青贮的目的：改善羊只冬春的营养条件，贮备冬春饲草，有效保存青绿饲草的营养成分，提高羊只的生产能力。

青贮设施类型：

① 青贮窖　一般为圆桶形，底部呈锅底状，可分为地上式、半地下式和地下式三种。

② 青贮壕　一般为长方形或梯形，首先按青贮量的多少挖一个大小适宜的壕，再将壕底和壕壁用砖、水泥砌成。

③ 青贮塔　优点是结构牢固，经久耐用，青贮饲料损失少，取用方便；缺点是造价高。

羊舍总体要求符合肉羊的生活习性；成本低并且经久耐用。

50. 羊舍如何合理规划布局?

（1）羊场规划布局的原则

① 应体现建场方针、任务，在满足生产要求的前提下，做到节约用地，少占或不占可耕地。

② 在发展大型集约化羊场时，应当全面考虑粪便和污水的清理和利用。

③ 因地制宜，合理利用地形地物。比如，利用地形地势解决挡风防寒、通风防热、采光等问题。根据地势的高低、水流方向和主导风向，按人、羊、污的顺序，将各种房舍和建筑设施按其环境卫生条件的需要给予排列。并考虑人的工作环境和生活区的环境保护，使其尽量不受饲料粉尘、粪便气味和其他废弃物的污染。

④ 应充分考虑今后的发展，在规划时要留有余地。

（2）各种建筑物的分区布局　在羊场总体规划布局时，通常分为生产区、供应区、办公区、生活区、病羊管理区及粪便污水处理区。布局时既要考虑卫生防疫条件，又要照顾各区间的相互联系。因此，在羊场布局上要着重解决主导风向、地形和各区建筑物之间的距离等问题。

生产区是全场的主体，主要是各类羊舍。如本地区的主风向是北风，羊场应设在南边。生产区的羊舍布局由南向北依次按产羔室、羔羊室、育成羊舍的顺序安排，避免成年羊对羔羊有可能造成的感染。生产区入口处必须设置洗澡间和消毒池。在生产区内应按规模大小、饲养批次的不同，将其分成几个小区，各小区之间应相隔一定的距离。

羊舍的一端应设有专用粪道与处理场相通，用于粪便和脏污等的运输。人行与运输饲料应有专门的清洁道，两道不要交叉，更不能共用，以利于羊群健康。

羔羊舍和育成羊舍应设在羊场的上风向，远离成年羊舍，以防感染疾病。育成羊舍应安排在羔羊舍和成年羊舍之间，便于转群。种群羊舍可和配种室或人工授精室结合在一起。在羊场的整体布局时还要考虑到发展的需要，留有余地。

羊场的良好环境，有益于羊群的健康。对羊场区的绿化也应纳入羊场规划布局之中。绿化对美化环境，改善小气候，净化空气，吸附粉尘，减弱噪声有积极作用。良好的场区绿化，夏季可降低辐射热，冬季可阻挡寒流袭击。

饲料供应和办公区应设在与风向平行的一侧，距离生产区80米以上。生活区应设在场外，离办公区和供应区100米以外处。兽医室、粪便污水处理区应设在下风口或地势较低的地方，间距100～300米。以上的设置能够最大限度地减少羔羊、育成羊的发病机会，避免成年羊舍排出的污浊空气的污染。但有时由于实际条件的限制，做起来十分困难，可以通过种植树木，建阻隔墙等防护措施加以弥补。

51. 如何进行南方楼式羊舍的设计和建造？

（1）概述　针对我国南方年均温差小，日均温差大，干湿季分明，降雨集中，导致夏秋季湿热现象明显的气候条件，以及山羊喜欢干燥、清洁、怕湿的特性，在南方设计了楼式羊舍。

根据羊舍墙壁的封闭程度，划分为封闭舍、开放舍和棚舍三种类型。封闭舍四周墙壁完整，有较好的保温性能，适合于较寒冷的地区；开放舍三面有墙，一面无墙或只有半截墙，通风采光好，但保温性能差，适合于较温暖的地区；棚舍只有屋顶而没有墙壁，只能防雨和太阳辐射，适合于我国南方地区。

根据建筑材料分，有砖瓦结构式、土木结构式和木结构楼式羊舍三种。砖瓦结构的楼式羊舍为瓦顶盖、砖砌墙，舍内用水泥或木条为板条材料架设离地羊床，四周设有门窗；土木结构式羊舍多数是利用空闲旧房改造而成，该羊舍为泥地台、草屋顶、土坯墙，内设离地羊床，多用当地木条作材料制成；木结构楼式羊舍多采用单列式木结构。

根据羊舍屋顶的形式，可分为单坡式、双坡式、拱式等类型。单坡式羊舍跨度小，自然采光好，投资少，适合于小规模养羊；双坡式羊舍跨度大，有较大的设施安装空间，是大型羊场采用的一种类型，但造价也相对较高。

（2）技术特点

① 舍址选择　需要根据现有羊数量和发展规模以及资金状况、机械化程度等来制定规划。同时，还应充分考虑当地条件，降低生产成本等。羊舍应建在地势较高，排水良好，通风干燥，向阳透光，水源充足的地方。

② 羊舍形式　羊舍布置一般为单列式和双列式。在缓坡地带，适合建筑单列式，由于羊楼出粪口设在运动场上，所以，羊楼一般靠运动场一边，投饲通道设在羊楼的内侧；双列式一般以羊舍长轴布置羊楼，以投饲通道将羊楼分开，出粪口设在两边的运动场内。

③ 羊舍构造指标　羊舍一般宽 4～6 米，高 2～3 米，长度根据养羊的数量而定。羊在舍内或栏内所占单位面积具体说公羊为 1～1.5 米^2，母羊为 0.5～1 米^2，妊娠母羊和哺乳母羊为 1.5～2 米^2，幼龄公、母羊和育成羊 0.5～0.6 米^2。每舍存栏不超过 30 只为宜。

羊舍楼板距地面高度为 1.2～1.5 米，以方便饲喂人员添加草料。羊床宽为 2.5 米，羊舍中柱与柱之间为木栅栏，特别防范羔羊窜逃或窜入粪池。羊舍地板用竹片或木条制作成漏缝板，板面横条宽 3～5 厘米，厚 3.8 厘米，漏缝宽 1～1.5 厘米。在漏缝木条下设置粪池，漏缝木条与粪池的距离一般 80 厘米。粪池的出粪口与运动场相连接，出粪口一般 0.8～1.0 米。

漏缝板背阳面安排草料架、水槽和人行道。草料架高度视羊群个体大小而定，通常成年羊料槽上口宽 50 厘米，地板至料槽上缘高 40～50 厘米，料槽深 20～25 厘米，每只羊所占长度25～45 厘米。水槽置于草料架两侧。人行道宽度为 0.8 米左右。羊舍门窗、地面及通风设施要便于通风、保温、防潮、干燥、饲养管理、确保舍内有足够的光照。

漏缝板朝阳面为斜坡进入运动场。斜坡宽度以 1.0～1.2 米为宜，坡度小于 45°。积粪斜面坡度应以 30°～45°为佳，利于日常粪便排放冲洗。

④ 辅助设施　运动场的地面用砖或水泥混凝土，面积是羊楼的 2 倍。在运动场上设梯步让羊只进入羊楼，运动场小门不影响除粪车出入，一般宽 1.2 米，运动场围墙高 1.2～1.4 米。

产房、青年羊舍、羔羊舍可合并周转使用，一般建在羊楼上或在运动场设专门的羔羊圈，为便于保温，以建成地面形式较好。羔羊舍可用钢管焊接隔成小间，羔羊诱饲、补饲料槽可用木料、圆钢制成活动式料槽，安放在羔羊舍内。

52. 如何进行北方暖棚式羊舍的设计和建造？

（1）概述　北方冬季严寒漫长，最低气温可达到 −30 ℃，这样的低温对肉羊的生长十分不利。但日光资源丰富，暖棚羊舍是利用塑料膜的透光性和密封性，设计在三面全墙，向阳一面有半截墙，有 1/3～1/2 的顶棚。向阳的一面在温暖季节露天开放，寒冷季节在露天一面用竹片、钢筋等材料做支架，上覆单层或双层塑料，两层膜间留有间隙，使羊舍呈封闭的状态，借助太阳能和羊体自身散发热量，将太阳能的辐射热和羊体自身散发热保存下来，提高棚内温度，达到防寒保温的目的。

（2）技术特点

① 羊舍场地的选择　羊舍应选择在地势高、干燥、背风向阳、坐北朝南、排水性能良好的地方，同时附近还要有清洁的水

源。羊舍方位要有利于采光，以坐北朝南，东西延长为宜。为了延长午后日照时间，宜偏西角度5°左右，但不超过10°为宜。

② 羊舍建设材料　建筑材料应就地取材，总的原则是坚固、保暖和通风良好。羊舍地面要高出舍外地面20厘米以上，地面应由里向外保持一定的坡度，以便清扫粪便和污水。舍内地面要平坦，有弹性且不滑。养殖场采取砖铺地面，容易清扫，地面也不会太硬；养羊数量较少的农户，最经济、最简单适用的地面为沙土地面。

③ 羊舍构造指标　暖棚半坡式羊舍：羊舍跨度7.0米，脊高3米，前坡南沿高2.8米，长度视养羊数量确定，以50米为宜。可以每隔一段修一个隔墙，分成若干个单羊舍。前墙高1.3米，后墙高1.8米。北墙和东西山墙厚度为0.37米，南墙和隔墙厚度为0.24米。前坡为羊舍开放部分，上面用竹竿或木杆架起，每个架杆间距1米，冬季用塑料薄膜覆盖，形成保温舍。后坡为封闭部分，上面要铺保温和防雨材料。后墙距地面1.5米设窗户，冬季封死；前墙设2米左右宽的门，冬季设保温门。每间舍最高点要设1个可开关的换气扇，用于调节舍内空气质量与温度。

单列式半拱圆形塑料暖棚羊舍：棚舍前后跨度6米，中梁高2.5米，后墙高1.7米，前沿墙高1.1米，后墙与中梁之间用木椽搭棚，中梁与前沿墙之间用竹片搭成拱形支架，上覆棚膜。棚舍山墙留一高约1.8米、宽约1.2米的门，供羊只和饲养人员出入。距离前沿墙基5~10厘米处留进气孔，棚顶留一排百叶窗，排气孔是进气孔的1.5~2倍。棚内沿墙设补饲槽、产仔栏。百叶窗、排气孔、进气孔视暖棚大小和当地气候而定，寒冷地区少留，较热地区可增加1~2个。

④ 羊舍面积　棚舍内饲养密度要合理，密度过大，羊舍内有害气体增多，羊容易患病；密度太小，羊自身产生的热量少，冬季时候棚舍内温度过低，不利于羊的生长。一般情况下，基础

母羊每只占棚圈面积 1.5 米^2、育肥羊平均每只 0.8 米^2、小羔羊平均每只 0.5 米^2、公羊每只按 4~5 米^2 计算。

⑤ 羊床　羊床以三合土为好，也可铺砖。高出道路 5 厘米，以利保持干燥。有适宜的坡度，不宜太大，保持 2％为宜。

⑥ 辅助设施

饲槽、水槽：舍内设食槽和水槽，为固定式，食槽做成统槽式，其长度和羊床的长度相等，高度应与羊背相平，宽约 50 厘米，深 25 厘米左右，前高后低。并设有 70 厘米高的栅栏将食槽隔开。饮水槽设在舍内或运动场。

舍内通风：塑料棚舍应设通气孔，每天中午温度最高时候打开棚顶气窗，换气 0.5~2.0 小时，以排出蓄积的水蒸气和氨气、硫化氢等有害气体；放羊前要提前打开通气窗，逐渐使舍内外温度达到平衡再出舍，防止因温差过大使羊感冒。每日放羊时尽量使舍内通风散湿，当下午天气变冷时关闭通风窗，以提高舍内温度。羊舍中北墙靠底侧的通风孔在入秋后应堵死，以防寒风袭入。来年立夏之前再打开，便于舍内通风良好。

运动场：羊舍紧靠出入口应设有运动场，应地势高燥，排水良好。运动场面积可视羊的数量而定，以能够保证羊的充分活动为原则，运动场面积一般为羊舍面积的 2~3 倍。运动场周围用墙围起来，四周最好栽上树，这样夏季能够遮挡强烈阳光。羊舍与运动场的门宽度应该在 2 米以上，最好用双扇门，朝外开。门槛与舍内地面等高，舍内地面应高于舍外运动场地面。

53. 羊场环境对肉羊有何影响？

（1）概述　羊场环境是指影响羊生活的各种因素的总和，包括空气、土壤、水、动物、植物、微生物等自然环境，羊舍及设备、饲养管理、选育、利用等人为环境。环境控制是羊场生产管理的关键环节，主要包括自然环境和人为环境的控制，给羊提供舒适、清洁、卫生、安全的环境，使其发挥最大的生产性能，带来很好利益。

（2）羊场环境对肉羊的影响

① 温度 温度是影响肉羊的主要外界环境因素之一，羊的产肉性能只有在一定的温度条件下才能充分发挥遗传潜力。温度过高或过低，都会使产肉水平下降，甚至使羊的健康和生命受到影响。温度过高超过一定界限时，羊的采食量随之下降，甚至停止采食；温度太低，采食的能量几乎全用于维持体温，用于生长的比例大大降低。一般情况下羊舍适宜温度范围为 5～21 ℃，最适温度范围 10～15 ℃；一般冬季产羔舍舍温不低于 8 ℃，其他羊舍不低于 0 ℃；夏季舍温不超过 30 ℃。

② 湿度 空气相对湿度的大小，直接影响着肉羊体热的散发，潮湿的环境有利于微生物的发育和繁殖，使羊易患疥癣、湿疹及腐蹄等病。羊在高温、高湿的环境中，散热更困难，往往引起体温升高、皮肤充血、呼吸困难，中枢神经因受体内高温的影响，机能失调，最后致死。在低温、高湿的条件下，羊易感冒、患神经痛、关节炎和肌肉炎等各种疾病。对羊来说，较干燥的空气环境对健康有利。羊舍应保持干燥，地面不能太潮湿。舍内的适宜相对湿度以 50%～70% 为宜，不要超过 80%。

③ 光照 光照对肉羊的生理机能，特别是繁殖机能具有重要调节作用，而且对育肥也有一定影响。羊舍要求光照充足，一般来说，适当降低光照强度，可使增重提高 3%～5%，饲料转化率提高 4%。采光系数一般为成年羊 1∶（15～25），高产羊 1∶（10～12），羔羊 1∶（15～20）。

④ 气流 气流对羊有间接影响。在炎热的夏季，气流有利于对流散热和蒸发散热，对育肥有良好作用，此时，应适当提高舍内空气流动速度，加大通风量，必要时可辅以机械通风。冬季气流会增加羊体的散热量，加剧寒冷的影响。在寒冷的环境中，气流使羊能量消耗增多，进而影响育肥速度。而且年龄越小所受

影响越严重。不过，即使在寒冷季节舍内仍应保持适当的通风，有利于将污浊气体排出舍外。羊舍冬季以 0.1～0.2 米/秒为宜，最高不超过 0.25 米/秒。夏季则应适当提高气流速度，但以不超过 1 米/秒为宜。

⑤ 空气中的灰尘　羊舍内的灰尘主要是由于打扫地面、分发干草和干粉料、翻动垫草等产生的。灰尘对羊体的健康有直接影响。另外，灰尘降落在眼结膜上，会引起灰尘性结膜炎。空气中的灰尘被吸入呼吸道，使鼻腔、气管、支气管受到机械性刺激。

⑥ 微生物　羊在咳嗽、喷嚏、鸣叫时喷出来的飞沫，使微生物得以附着并生存。病原微生物和飞沫附着灰尘，分别形成灰尘感染和飞沫感染，在畜舍内主要是飞沫感染。在封闭的羊舍内，飞沫可以散布到各个角落，使每只羊都有可能受到感染。因此，必须做好舍内消毒，避免粉尘飞扬，保持圈舍通风换气，预防疾病发生。

⑦ 有害气体　舍内有害气体增加，严重时危害羊群健康，其中，危害最大的气体是氨和硫化氢。氨主要由含氮有机物如粪、尿、垫草、饲料等分解产生；硫化氢是由于羊采食富含蛋白质的饲料，消化机能紊乱时由肠道大量排出的。其次是一氧化碳和二氧化碳。为了消除有害气体，要及时清除粪尿，并勤换垫草，还要注意合理换气，将有害气体及时排出舍外。羊舍内氨含量应不超过 20 毫克/米^3，硫化氢含量不超过 8 毫克/米^3，二氧化碳含量不超过 1500 毫克/米^3，恶臭稀释倍数不低于 70。

54. 羊场环境控制包括哪些关键环节？

羊场环境控制包括许多方面，但生产实践中主要从下面几个方面加以解决。

（1）正确选址　羊舍选址应保证防疫安全。应选择地势高、背风向阳，距离主要的交通要道 500 米以上的地方。全年主风向的上风向不得有污染源，场内的兽医室、病羊隔离室、贮粪池、化尸坑等应设于下风向，以防疫病传播。

（2）合理绿化　羊舍周围的环境绿化有利于羊的生长和环境的保护。大部分绿色植物可以吸收羊群排出的二氧化碳，有些还可以吸收氨气和硫化氢等有害气体，部分植物对铅、镉、汞等也有一定的吸收能力。有研究表明，植物除了吸收上述气体外，还可以吸附空气中的灰尘、粉尘，甚至有些植物还有杀菌作用，做好羊场绿化可以使羊舍空气中的细菌大量减少。另外，羊场的绿化还可以减轻噪声污染、调节场内温度和湿度、改善区内小气候、减少太阳直射和维持羊舍气温恒定等诸多作用。

（3）羊舍建设合理　要因地制宜，建设有利于控制环境的羊舍。

楼式羊舍冬暖夏凉：冬天圈舍保温，夏天通风透气，雨天免受潮渍，特别是南方高温多雨地区，使用楼式羊舍可取得明显效果。

棚式、栅舍结合式羊舍，空气流动大，有害气体较少，但不利于保温。封闭式羊舍有利于保温，但不利于换气。因此在设计上封闭羊舍要具备良好的通风换气性能，能及时排出舍内污浊空气，保持空气新鲜。北方采取封闭式羊舍有利于羊生长。

采光面积通常是由羊舍的高度、跨度和窗户的大小决定的。在气温较低的地区，采光面积大有利于通过吸收阳光来提高舍内温度；而在气温较高的地区，过大的采光面积又不利于避暑降温。实际设计时，应按照既有利于保温又便于通风的原则灵活掌握。

羊舍地面的材料、坡度、施工质量，都关系到粪尿、污水能否顺利排出，排水和清粪系统设计、施工不合理，也会造成粪尿污水的滞留，成为有毒有害气体的来源。

（4）净化和保护水源　饮用水的质量对于羊的健康极为重

要，饮用水的水源应该清洁、安全、无污染。井水水源周围 30 米、江河取水点周围 20 米、湖泊等水源周围 30～50 米内不得建粪池、污水坑和垃圾堆等污染源。羊舍与井水源也应保持至少 30 米的距离。另外，还要对水源进行检测，使其符合国家规定的相关肉羊生产饮用水标准，水源水质不符合要求的应该进行净化和消毒处理。水中的泥沙、悬浮物、微生物等应先进行沉淀处理，使水中的悬浮物和微生物含量下降；然后对沉淀后的水再进行消毒处理。大型养羊场集中供水时可采取液氯进行消毒，小型集中或分散式供水可用漂白粉等消毒。

（5）保护草地与提高饲草质量　放牧地和饲草对于养羊至关重要，保护好草场、饲喂清洁饲料可以有效地防控羊疾病。因此，草场的肥料应该以优质的有机肥为主，灌溉用水也应清洁无污染。在防治牧草病虫害时应选择高效、低毒和低残留的化学药物或生物药物。当利用人畜的粪尿做肥料时，应先用生物发酵法进行无害化处理。当局部草地被病羊的排泄物、分泌物或尸体污染后，可以用含有效氯 2.5% 的漂白粉溶液、4% 的甲醛、10% 的氢氧化钠等消毒液喷洒消毒。对于舍饲羊，重点是羊舍的消毒和饲草的控制，严禁饲喂被污染的草料。

（6）严格消毒　根据本地实际情况制定切实可行的消毒制度。羊舍消毒时应先清扫，后用清水冲洗，冲洗完后用化学消毒液喷洒。消毒液可用 10% 的漂白粉、0.5%～1.0% 的菌毒敌、0.5% 的过氧乙酸等。消毒时用喷雾器将药物喷洒到地面、墙壁、天花板和用具上，经过一段时间的通风后，再用清水冲洗饲槽和水槽即可。此外，还可以按每立方米 12.5～50.0 毫升的甲醛，加入等量的水加热熏蒸消毒或每立方米用 42 毫升的福尔马林和 21 克高锰酸钾混合熏蒸消毒 24 小时，再通风 24～48 小时。一般情况下，每年春秋两季各进行一次彻底消毒。

55. 羊场绿化有何意义？

羊场绿化的生态效益是非常明显的，主要体现在以下几方面。

（1）有利于改善场区小气候　羊场绿化可以明显地改善场内的温度、湿度、气流等状况。在高温时期，树叶的蒸发能降低空气中的温度，也增加了空气中的湿度，同时也显著降低了树荫下的辐射强度。一般在夏季的树荫下，气温较树荫外低3~5 ℃。

（2）有利于净化空气　羊场羊的饲养量大，密度高，羊舍内排出的二氧化碳也比较集中，还有一定量的氨等有害气体一起排出。经绿化的羊场能净化这些空气。据报道，每公顷阔叶林在生长季节，每天可以吸收约1 000千克的二氧化碳，生产约730千克的氧，而且许多植物还能吸收氨。

（3）有利于减少尘埃　在羊场内及其四周，如种植有高大的树木，它们所形成的林带，能净化大气中的粉尘。当含尘量很大的气流通过林带时，由于风速降低，可使大粒灰尘下降，其余的粉尘及飘尘可被树木枝叶滞留或为黏液物质及树脂所吸附，使空气变得洁净。草地的减尘作用也很显著，除可吸附空气中的灰尘外，还可固定地面上的尘土。

（4）有利于减弱噪声　树木与植被对噪声具有吸收和反射的作用，可以减弱噪声的强度。树叶的密度越大，降噪的效果越显著。

（5）有利于减少空气及水中的细菌量　树林可以使空气中含尘量大为减少，因而使细菌失去了附着物，数目也相应减少。同时，某些树木的花、叶能分泌一种芳香物质，可以杀死细菌、真菌等。

（6）有利于防疫、防火　羊场外围的防护林带和各区域之间种植的隔离林带，可以起到防止人畜任意往来的作用，因而可以减少疫病传播的机会。在羊场中进行绿化，也有利于防火。

56. 如何进行羊场的绿化?

场界周边可设置林带。在场界周边种植乔木和灌木混合林带,特别是在场界的北、西两侧,应加宽这种混合林带(宽 10 米以上),以起到防风阻沙的作用。

场区内绿化主要采取办公区绿化、道路绿化和羊舍周围绿化等几种方式。场区隔离林带,用于分隔场内各区。办公区绿化主要种植一些花卉和观赏树木。场内外道路两旁的绿化,一般种植 1~2 行,而且要妥善定位,在靠近建筑物的采光地段,不应种植枝叶过密、过于高大的树种,以免影响羊舍的自然采光。道路绿化,主要种植一些高大的乔木,如梧桐、白杨等,而且也要妥善定位,尽量避免遮光。羊舍周围绿化,主要种植一些灌木和乔木。运动场遮阳林,在运动场南侧和西侧,设 1~2 行遮阳林,起到夏季遮阳的作用。

运动场及圈舍周围种植爬藤植物,可以营建绿色保护屏障。地锦(又名爬山虎)属多年生落叶藤木,从夏季防暑降温的角度考虑,可以在运动场及圈舍周围种植该种植物。为了防止羊只啃食,可以在早春季节先种植于花盆,然后移至运动场及圈舍围墙上。

一般要求养羊场场区的绿化率(含草坪)要达到 40% 以上。

57. 羊粪无害化处理技术包括哪些方面?

在技术处理上,因地制宜进行处理利用,达到无害化。目前归纳起来有以下几种方式:

(1)堆肥处理技术 从卫生观点和保持肥效等方面看,堆肥发酵后再利用比使用生粪要好。堆肥的优点是技术和设施简单,施用方便,无臭味;同时,在堆制过程,由于有机物的好氧降解,堆内温度持续 15~30 天达 50~70 ℃,可杀死绝大部分病原微生物、寄生虫卵和杂草种子，而且腐熟的堆肥属迟效肥料，牧草及作物使用安全。

（2）制作液体圈肥　方法是将生的粪尿混合物置于贮留罐内经过搅拌曝气，通过微生物的分解作用，变成为腐熟的液体肥料。这种肥料对作物是安全的。在配备有机械喷灌设备的地区，液体粪肥较为适宜。

（3）制作复合肥料　对于一些生产水平较高的示范性羊场，可以采用简易的设备建立复合有机肥加工生产线，使得羊粪经过不同程度的处理，有机质分解、腐化，生产出高效有机肥等产品。对于一般的羊场，可以采用堆肥技术，使羊粪经过堆腐发酵，其中的微生物对一些有机成分进行分解，杀灭病原微生物及寄生虫卵，也可以减少有害气体产生。

（4）粪便制沼气作能源　沼气是有机物质在厌氧环境中，在一定温度、湿度、酸碱度、碳氮比条件下，通过微生物作用而产生的一种可燃气体。由于这种气体最初是在沼泽中发现的，所以叫沼气，其主要成分是甲烷（CH_4）。

（5）粪便作为其他能源

直接燃烧：含水量在 30% 以下的羊粪，可直接燃烧，只需专门的烧粪炉即可。

生产发酵热：将羊粪的水分调整到 65% 左右，进行通气堆积发酵，有时可得到高达 70 ℃以上的温度。方法是在堆粪中安放金属水管，通过水的吸热作用来回收粪便发酵产生的热量。回收到的热量，一般可用于畜舍取暖保温。

生产煤气、"石油"、酒精：将羊粪中的有机物在缺氧高温条件下加热分解，从而生产以一氧化碳为主的可燃性气体。其原理和设备大致上与用煤产生煤气相仿。每千克羊粪可产生 300～1 000升煤气，每立方米含 8.372～16.744 兆焦热量。有资料报道，45 千克畜粪约可生产 15 升燃烧酒精，残余物还可用于生产沼气或以适当方式进行综合利用。

58. 羊场的生物安全控制包括哪些方面?

（1）羊场的生物安全带　羊场四周设置围墙及防护林带，最好在院墙外面建有防疫沟，沟内常年有水。防止闲杂人员及其他畜禽窜入羊场。

同时，利用羊舍间防疫间距进行绿化布置，有利于防疫，同时也净化了空气，改善了生产环境。

（2）羊场蚊、蝇、虻的控制　蚊、蝇、虻是羊场传播一些疾病的有害昆虫，对于羊场的生物安全有很大影响，因此必须予以重视。

除了在易于滋生蚊、蝇、虻的污水沟定期投药物进行药杀以外，在疫区设置诱蚊、蝇、虻的水池和悬挂灭蚊蝇装置也是合理的选择。

利用蚊、蝇、虻的喜水、喜草、喜臭味的特性，在离羊舍5～10米的位置建造一个水池，并植水稻、水稗草。池中央距水面高度1米处悬挂高光度青光电子灭蝇灯，这样既可将栖息于水池内稻、稗草上的虻诱飞而杀死，还可杀灭蚊子、苍蝇。池水中设置电极，利用土壤电处理机器每隔1天启动1次，每次工作30分钟，即可杀死水中的蚊、虻幼虫。

此外，对于羊场的粪便存贮设施及粪堆经常以塑料薄膜覆盖，也可以减少苍蝇滋生。

（3）病死羊的处理　兽医室和病羊隔离舍应设在羊场的下风处，防止疾病传播。在隔离舍附近设置掩埋病羊尸体的深坑（井），对死羊要及时进行无害化处理。对场地、人员、用具应选用适当的消毒药及消毒方法进行消毒。

病羊和健康羊要分开喂养，派专人管理，对病羊所停留的场所、污染的环境和用具都要进行消毒。

对于病死羊只应作深埋、焚化等无害化处理，防止病原微生物传播。

五、饲养管理技术

59. 什么是肉羊全舍饲全混合日粮（TMR）饲喂技术？

（1）概述　全混合日粮（Total Mixed Rations，TMR）饲喂技术，又称 TMR 饲喂技术，是指根据肉羊不同生理阶段或饲养阶段的营养需要，把切短的粗饲料、青贮饲料、精饲料以及各种饲料添加剂进行科学配比，在饲料搅拌机内充分混合后得到一种营养相对平衡的全价日粮，直接供羊自由采食的技术。该技术适合于较大规模的肉羊饲养场，但小型养殖场可采用简易饲料搅拌机混合后直接饲喂，也可取得较好的饲喂效果。

（2）使用 TMR 优点

① 确保日粮营养均衡　由于 TMR 各组分比例适当，且混合均匀，肉羊每次采食的 TMR 中，营养均衡、精粗料比例适宜，能维持瘤胃微生物的数量及瘤胃内环境的相对稳定，使发酵、消化、吸收和代谢正常进行，因而有利于提高饲料利用率，减少消化道疾病、食欲不振及营养应激等。据统计，使用 TMR 可降低肉羊发病率 20%。

② 提高肉羊生产性能　由于 TMR 技术综合考虑了肉羊不同生理阶段对粗纤维、蛋白质和能量需要，整个日粮较为平衡，有利于发挥肉羊的生产潜能。

③ 提高饲料利用效率　采用整体营养调控理论和计算机技术优化饲料配方，使肉羊采食的饲料都是精粗比例稳定、营养浓度一致的全价日粮，有利于维持瘤胃内环境的稳定，提高微生物的活性，使瘤胃内蛋白质和碳水化合物的利用趋于同步，比传统饲养方式的饲料利用效率提高 4%。

④ 有利于充分利用当地饲料资源 由于 TMR 技术是将精料、粗料充分混合的全价日粮，因此，可以根据当地的饲料资源调整饲料配方，将秸秆、干草等添加进去。

⑤ 可节省劳力 混合车是应用 TMR 的理想容器，它容易操作，节省时间，只要花半个小时就可以完成装载、混合和喂料。即使是 3 000 只的羊场用混合车喂料也只要 3 小时就够了，因此大大节省了劳力和时间，提高了工作效率，有助于推进肉羊养殖的规模化和集约化。

60. TMR 饲喂包括哪些方面的技术特点？

（1）合理划分饲喂群体 为保证不同阶段、不同体况的肉羊获得相应的营养需要，防止营养过剩或不足，并便于饲喂与管理，必须分群饲喂。分群管理是使用 TMR 饲喂方式的前提，理论上羊群分得越细越好，但考虑到生产中可操作性，建议如下：

① 对于大型的自繁自养肉羊场，应根据生理阶段划分为种公羊及后备公羊群、空怀期及妊娠早期母羊群、妊娠后期及泌乳期母羊群、断奶羔羊群及育成羊群等群体。其中，哺乳后期的母羊，因为产奶量降低和羔羊早期补饲等原因，应适时归入空怀期母羊群。

② 对于集中育肥羊场，可按照饲养阶段划分为前期、中期和后期等羊群。

③ 对于小型肉羊场，可减少分群数量，直接分为公羊群、母羊群、育成羊群等。饲养效果的调整可通过饲喂量控制。

（2）科学设计饲料配方 根据羊场实际情况，考虑所处生理阶段、年龄胎次、体况体型、饲料资源等因素合理设计饲料配方。同时，结合各种群体的大小，尽可能设计出多种 TMR 日粮配方，并且每月调整 1 次。可供参考的 TMR 日粮配方如下：

① 种公羊及后备公羊群 精料 26.5％，苜蓿干草或青干草

53.1%，胡萝卜 19.9%，食盐 0.5%。其中，精料配方为玉米 60%，麸皮 12%，豆饼 20%，鱼粉 5%，碳酸氢钙 2%，添加剂 1%。

② **空怀期及妊娠早期母羊群** 苜蓿 50%，青干草 30%，青贮玉米 15%，精料 5%。其中，精料配方为玉米 66%，麸皮 10%，豆饼 18%，鱼粉 2%，碳酸氢钙 2%，食盐 1%，添加剂 1%。

③ **妊娠后期及泌乳期母羊** 干草 46.6%，青贮玉米 38.9%，精料 14.0%，食盐 0.5%。精料比例在产前 3～6 周增至 18%～30%。

④ **断奶羔羊及育成羊群** 玉米 39%，干草 50%，糖蜜 5%，油饼 5%，食盐 1%。此配方含粗蛋白质 12.2%，钙 0.62%，磷 0.26%，精粗比 50∶50。

⑤ **育肥羊群** 豆秸 10%，玉米秸秆 20%，青干草 20%，精料 50%。其中，精料配方为玉米 44%，麦麸 18%，豆粕 12%，亚麻饼或棉粕 20%，预混料 6%。

（3）**TMR 搅拌机的选择** 在 TMR 技术中能否对全部日粮进行彻底混合是非常关键的，因此，羊场应具备能够进行彻底混合的饲料搅拌设备。

TMR 搅拌机容积的选择：①应根据羊场的建筑结构、喂料道的宽窄、圈舍高度和入口等来确定合适的 TMR 搅拌机容量；②根据羊群大小、干物质采食量、日粮种类、每天的饲喂次数以及混合机充满度等选择混合机的容积大小。通常，5～7 米³ 搅拌车可供 500～3 000 只饲养规模的羊场使用。

TMR 搅拌机机型的选择：TMR 搅拌机分立式、卧式、自走式、牵引式和固定式等机型（图 5-1 至图 5-2）。

（4）**填料顺序和混合时间** 饲料原料的投放次序影响搅拌的均匀度。投放原则为先长后短，先干后湿，先轻后重。添加顺序为精料、干草、副饲料、全棉籽、青贮、湿糟类等。不同类型的

图 5-1　固定立式 TMR 搅拌机　　图 5-2　卧式 TMR 搅拌机

混合搅拌机采用不同的次序，如果是立式搅拌车应将精料和干草添加顺序颠倒。

　　根据混合均匀度决定混合时间。一般在最后一批原料添加完毕后再搅拌 5～8 分钟即可。若有长草，要先切短再投入。搅拌时间太短，原料混合不匀；搅拌过长，TMR 太细，有效纤维不足，使瘤胃 pH 降低，造成营养代谢病。

　　（5）物料含水率的要求　　TMR 日粮的水分要求在 45%～55%。当原料水分偏低时，需要额外加水，过干（<35%）饲料颗粒易分离，造成肉羊挑食；过湿（>55%）则降低干物质采食量（TMR 日粮水分每高 1%，干物质采食量下降幅度为体重的 0.02%），并有可能导致日粮的消化率下降。水分至少每周检测一次。简易测定水分的方法是用手握住一把 TMR 饲料，松开后若饲料缓慢散开，丢掉料团后手掌残留料渣，说明水分适当；若饲料抱团或散开很慢，说明水分偏高；若散开速度快且掌心几乎无残留料渣，说明水分偏低。

　　（6）饲喂方法　　每天饲喂 3～4 次，冬天可以喂 3 次。保证料槽中 24 小时都有新鲜料或不得超过 3 小时的空槽时间，并及时将肉羊拱开的日粮推向肉羊，以保证肉羊的日粮干物质采食量最大化，24 小时内将饲料推回料槽中 5～6 次，以增加采食并减少挑食。

（7）TMR 的观察和调整　日粮放到食槽后一定要观察羊群的采食情况，采食前后的 TMR 日粮在料槽中应基本一致，即要保证料脚用颗粒分离筛的检测结果与采食前的检测结果差值不超过 10％。否则说明肉羊在挑食，严重时料槽中出现"挖洞"现象，即肉羊挑食精料，粗料剩余较多。其原因之一是饲料中水分过低，造成料草分离；另外，TMR 制作颗粒度不均匀，干草过长也易造成料草分离。挑食使肉羊摄入的饲料精粗比例失调，会影响瘤胃内环境平衡，造成酸中毒。一般肉羊每天剩料以占到每日添加量的 3％～5％为宜。剩料太少说明肉羊可能没吃饱，剩料太多则造成浪费。为保证日粮的精粗比例稳定，维持瘤胃内稳定的内环境，在调整日粮的供给量时最好按照日粮配方的头日量按比例进行增减，当肉羊的实际采食量增减幅度超过日粮设计量的 10％时就需要对日粮配方进行调整。

61. 什么是山羊高床舍饲养殖？

（1）概述　传统的养羊方式以放牧为主，分布在山区有放牧条件的地方，平坝地区很少养羊。随着退耕还林还草、生态建设等工程的开展，给予山羊放牧饲养的空间也越来越少，山羊生产的发展面临着挑战。四川省于 2000 年开始推广高床舍饲养羊，建立高床舍饲养羊示范户，开展人工种草和农副产品粗加工，实现舍饲养羊规模化，山羊高床舍饲成了发展草食牲畜的"亮点"工程，农户养羊积极性高涨，各级政府也将高床舍饲养羊作为畜牧业发展的突破口。高床舍饲养羊是在总结吸取国内外养羊先进经验的基础上提出来的舍饲养羊配套综合新技术。该技术是我国传统养羊模式的改造和创新，是山羊养殖技术的一个重大突破，可以大幅度提高广大农区和丘陵地区养羊的经济、社会及生态效益（图 5-3 至图 5-4）。

图5-3 高床羊舍内部　　　图5-4 高床羊舍外观

（2）山羊高床舍饲养殖的优点　①避免了放牧损害农作物和树苗，有利于生态环境保护；②舍饲饲养的山羊生长速度快，出栏周期短，且有利于羊舍清洁卫生，疾病发生减少，羔羊成活率高（可达90%以上）；③实现了养羊无"禁区"，养羊不再受地域、草场等条件的制约，有利于扩大养殖规模；④充分利用农作物秸秆，提高秸秆利用率，减少资源浪费。

62. 山羊高床舍饲养殖有哪些方面的技术要求？

山羊高床舍饲养殖技术是一项综合技术，包括高床羊舍修建、羊品种选择、牧草种植和饲料生产、饲养管理、疾病综合防治技术。

（1）高床羊舍修建　羊舍可建双列式羊舍和单列式羊舍，羊舍长度根据饲养规模确定，一般羊舍长度可修15～30米，墙高4～5米。羊舍所需面积：每只公羊1.5～2.0米²，每只母羊1.0～2.0米²，每只肉羊0.6～0.8米²，运动场面积为羊舍的1.5～2.0倍。

羊床宜采用木条铺设，也可采用其他材料。木条宽5厘米，厚4厘米。木条间隙小羊1.0～1.5厘米，大羊1.5～2.0厘米。羊床离地面0.5～0.6米。羊床下地面的坡度为10°左右，后接粪

117

尿沟。舍内地面用砖铺或水泥处理，运动场用全砖铺或半砖铺或三合土处理。

饲槽可建水泥槽或木槽，槽上宽 35 厘米，下宽 30 厘米，高 20 厘米。每个羊圈设一个饮水位。双列式羊舍人行走道宽 1.5～2.0 米，羊栏高度 1.0～1.2 米，窗户距羊床 1.2 米。

每个羊圈下面有一个出粪口，长 2.0 米，宽 0.7 米。羊舍后面修一条粪尿沟，宽 35 厘米，深 20 厘米，沟有一定的坡度（5°）。在羊舍低的一端修一个粪尿池或沼气池。羊舍四周修围墙，高度 1.5～1.8 米。

（2）羊品种选择　①选择地方优良山羊品种，如南江黄羊等，或者引进优良品种，如波尔山羊、努比亚羊；②选择杂交品种，包括两个或多个山羊品种杂交的后代，波杂羊、努杂羊等。

（3）牧草种植和饲料生产　推广优良牧草种植，品种有一年生黑麦草、高丹草、墨西哥玉米等，解决饲料问题。豆科牧草在始花期到盛花期收割为宜，禾本科牧草以抽穗期到开花期收割为宜，饲料玉米与大豆以籽实接近饱满收割为宜。青干草的晒制方法有田间干燥法和架上晒草法。为提高青干草的利用率，在喂羊之前，切成 3 厘米以下短段。

开展饲料加工，秸秆饲料切成 1.5～2.0 厘米或打成草粉拌入配合料中饲喂。玉米秸秆等也可用饲料机器进行揉搓处理使之成为柔软的丝状，增加羊的适口性，提高消化率。饲料青贮方式有青贮窖青贮和塑料袋青贮。

（4）舍饲饲养管理

① 种公羊的饲养　特点是营养全面，长期稳定，保持既不过肥也不过瘦的种用体况。据测定，山羊精子在睾丸中产生和在附睾及输精管内移动的时间一般为 40～50 天，因此在配种前 1.5～2 个月就要增加营养物质的供应量。

饲养种公羊的注意事项有：第一，在配种期提高营养水平，每天补喂混合精料 0.5～1.0 千克，同时补喂青干草、胡萝卜、南瓜等饲料3~5千克和鸡蛋1~2个。第二，给予种公羊适当的运动，提高精子的活力。如果运动不足，会产生食欲不振、消化能力差，影响精子活力。第三，合理掌握配种次数，每天采精2~3次，连续采精3天，休息1天。第四，与母羊分开饲养，并做好修蹄、圈舍消毒及环境卫生等工作。

② 繁殖母羊的饲养　包括配种前母羊、妊娠前期母羊、妊娠后期母羊及哺乳期母羊饲养四个方面。

配种前母羊的饲养：这个时期主要保证母羊有一个良好的体况，能正常发情、排卵和受孕。营养条件的好坏是影响母羊正常发情和受孕的重要因素，因此，在配种前1~1.5个月就开始给予短期优饲，使母羊获得足够的蛋白质、矿物质、维生素。保持良好的体况，可以使母羊早发情、多排卵，发情整齐，产羔期集中，提高受胎率和双羔率。对营养状况差的母羊补饲，能促其提早（正常）发情。

妊娠前期母羊的饲养：母羊的妊娠期为5个月，前3个月称为妊娠前期，这一时期妊娠母羊除满足本身所需的营养物质外，还要满足胎儿生长发育所需的营养物质。因此要加强饲养管理，供应充足的营养物质，满足母体和胎儿生长发育的需要。

妊娠后期母羊的饲养：妊娠后期即母羊临产前2个月。这一时期，胎儿在母体内生长发育迅速，胎儿体重的80%～90%是在这一时期增长的。胎儿的骨骼、肌肉、皮肤和内脏各种器官在这一时期生长快，所需的营养物质多，而且质量高。应补喂含蛋白质、维生素、矿物质丰富的饲料，如青干草、豆饼、胡萝卜、骨粉、食盐等。以每天每只补喂混合精料0.25~0.5千克为宜。

哺乳期母羊的饲养：母羊刚生下小羊后身体虚弱，应加强喂养。补喂的饲料要营养价值高、易消化，使母羊恢复健康和有充足的乳汁。泌乳初期主要保证泌乳机能正常，要细心观察和护理母羊及羔羊。对产多羔的母羊，因身体在妊娠期间负担过重，如果运动不足，腹下和乳房有时会出现水肿；如营养物质供应不足，母羊就会动用体内贮存的养分，以满足产奶的需要。因此，在饲养上应供给优质青干草和混合饲料。泌乳盛期一般在产后30～45 天，在泌乳量不断上升阶段，体内储蓄的各种养分不断减少，体重也不断减轻。在此时期，饲养条件对泌乳机能最敏感，应该给予优越的饲料条件，配合最好的日粮。日粮水平的高低可根据泌乳量多少而调整，泌乳后期要逐渐降低营养水平，控制混合饲料的用量。羔羊哺乳到一定时间后，母羊进入空怀期，这一时期主要做好日常饲养管理工作。

③ 羔羊的饲养　母羊产后头几天所分泌的乳汁叫初乳。初乳中含有丰富的蛋白质、维生素、矿物质、酶和免疫体等，其中，蛋白质含量 13.1%，脂肪 9.4%，维生素含量比常乳高10～100 倍，球蛋白和白蛋白 6%，球蛋白可以增进羔羊的抗病力。矿物质含量较多，尤其是镁含量丰富，具有轻泻作用，可促使羔羊的胎粪排出。所以，出生羔羊最初几天一定要保证吃足初乳。

大多数初生羔羊能自行吸乳，弱羔、母性不强的母羊，需要人工辅助哺乳。训练的方法：将母仔关在同一圈舍内，人工训练哺乳几次，这样既可使羔羊吃到初乳，也可增强母羊的恋羔性。对缺奶的羔羊要找保姆羊代乳或人工喂以奶粉、代乳品等。

羔羊人工哺乳的方法简单概括为：一训练、二清洁、四定。一训练：羔羊开始不习惯在奶瓶、奶桶或奶盆中吮乳，应细致耐心地训练。用奶盆喂奶时，将温热的羊奶倒入盆内，一只手用清洁的食指弯曲放入盆内，另一只手保定羔羊头部，使羔羊吮吸有乳汁的指头，并慢慢诱至乳液表面，使其饮到乳汁。这样经过几次训练，多数羔羊均能适应此种喂法。但要防止羔羊暴饮或呛入气管。二清洁：羔羊吮乳后，嘴周围残乳用毛巾抹拭干净。喂乳用具和羔羊圈舍保持清洁、干燥，羊粪勤扫除，褥草勤更换。四定：定时，出生至 20 日龄，每天定时喂乳 4 次，20 日龄后 2～3次。定量，头几天每只每次 200 毫升，以后根据羔羊的体重和健康状况酌情增减。定温，乳汁温度应接近或稍高于母羊体温，以

38～42 ℃为宜。定质，奶汁或乳品均须清洁、新鲜、不变质。

羔羊性情活泼爱蹦跳，应有一定的运动场，供其自由活动。在运动场内可设置草架，供羔羊采食青粗饲料。有条件的还可设置攀登台或木架，供羔羊戏耍和攀登。尤其要注意羔羊吃饱喝足后，立即在运动场的墙根下或在阴凉处睡觉，易患感冒，发现要赶起来运动。若发现羔羊发生异食癖，如啃墙土、吞食异物等，表明缺乏矿物质，要及时补充。

羔羊到2月龄左右必须断奶，因为在放牧条件下的山羊的泌乳量，已经不能满足羔羊的生长发育需要。及时断奶的好处是：既可使母羊恢复体况，再进行配种繁殖，又可锻炼羔羊独立生活能力。断奶的方法，多采用一次断奶法，即将母仔断然分开，不再合群，羔羊单独组群喂养。

对留种用的羔羊要编号，编号方法常用耳标法、耳缺法。耳标法分为金属耳标和塑料牌两种，目前大多数采用塑料耳标。在佩戴前用专门的书写笔写上耳号，用专门的耳号钳佩戴于羊耳上。羔羊个体编号包括场名简称、年号（2位）、个体号（5位）。羔羊戴耳标的时间一般在出生后20天左右较适宜。

④ 肉羊舍饲育肥 舍饲育肥的技术关键是合理配制混合饲料，采用科学的饲喂方法和管理方式。根据不同的品种和体重大小以及日增重情况，调整日粮组成和每天的饲喂量。配制日粮既要考虑日粮的营养价值，又要降低饲养成本，尽量选用青粗饲料，如青干草、青草、树叶、农作物秸秆，同时饲喂混合饲料。每天每只羊可喂优质青干草2千克或青粗饲料5千克左右，混合饲料0.5～1.0千克。对不同体重的羊只，应酌情增加或减少喂量。

饲喂的顺序是先粗后精，即粗饲料—混合饲料—多汁饲料。喂混合饲料的时间，一般在早晚分两次喂，并防止羊只相互抢食。

喂羊的饲料要清洁、新鲜，调制好的饲料应及时喂完，防止霉变，青贮饲料随取随喂。

块根类、藤蔓及长草类饲料要切碎，以提高饲料利用率。

若能将精饲料、粗饲料和微量元素添加剂加工成颗粒饲料，则育肥效果更理想。

舍饲育肥应每天给羊只供应清洁的饮水；减少羊只的运动量；搞好圈舍消毒和环境卫生。

⑤ 疾病综合防治技术　一般在春、秋两季注射羊三联四防苗、传染性胸膜肺炎疫苗和其他规定注射的疫苗。采用丙硫苯咪唑、阿维菌素等药物在春、秋两季对山羊进行体内体外驱虫。羊舍及运动场经常保持清洁卫生，定期对羊舍及用具消毒。常用消毒药品有 3% 来苏儿、2% 烧碱水、30% 草木灰、10% 石灰乳等，每 1~2 周对羊舍进行一次消毒。

（5）成效　山羊舍饲技术在国内已有 10 年以上的发展，现在南方较为普遍，农户认识度在逐步提高。云南省现有的肉山羊养殖场绝大部分都采用高床舍饲技术。目前在高床舍饲方面形成了许多具有地方特色的羊舍形式，符合当地自然和地理特点，为肉羊生产向标准化、规范化发展作出了有益的贡献。

63. 种公羊高效利用的饲养管理技术要点有哪些？

（1）概述　近年来，我国从国外引进较多的优良肉羊品种。例如，道赛特羊、杜泊羊、萨福克羊、德美羊、南非美利奴羊、特克塞尔羊等，在杂交改良、提高产肉性能等方面发挥了很大作用。但这些优良品种毕竟数量有限，为了充分发挥其作用，最大限度地提高优质种公羊利用率，各地采取了很多行之有效的技术措施，包括常温人工授精配种和冷冻精液配种相结合；以冬春两季配种为主、常年配种相结合；扩大配种覆盖面等。同时全面加强种公羊饲养管理，使种公羊的使用年限和作用有了明显的提高。

（2）技术特点

① 种公羊高效利用技术措施　冬、春羔两季配种：充分利用农牧交错区农区接冬羔，牧区接春羔的特点，每年8～12月份进行常温人工授精。部分农区也可实行常年配种。

常温与冻精相结合：每年3～7月份利用肉用种公羊集中饲养的休闲期，制作贮存冷冻精液。除每年在配种时使用外，还可保留一部分优良种羊的精液。

扩大配种覆盖面：将肉羊的鲜精使用点选择在母羊品质好、数量集中、交通方便的地区，以饲养点为中心，向四周辐射若干输精点，辐射范围达25千米。

提高精液利用率：以科学试验为依据，使精液稀释达5～10倍，输精量不超过0.1毫升，活力大于0.3。

主要精液稀释配方：

A. 葡萄糖-卵黄稀释液　无水葡萄糖3克，柠檬酸钠1.4克，新鲜卵黄20毫升，蒸馏水100毫升，青霉素10万单位。配法：将葡萄糖和柠檬酸钠溶于蒸馏水，用滤纸过滤后蒸煮30分钟，取出降至室温备用；取新鲜鸡蛋1枚，用酒精棉球消毒外壳，打开去掉蛋清，将卵黄放到干净滤纸上，用手轻轻摇动，使蛋清全部粘在滤纸上；用针头挑破卵黄膜，把注射器插头插入卵黄内，避开卵黄系勒带、胚盘，用力吸取卵黄20毫升，放入冷却过的稀释液中，充分混合均匀。稀释液要当天配制当天使用。

B. 牛奶稀释液　脱脂牛奶100毫升，青霉素10万单位。取新鲜牛奶用多层纱布过滤，在92 ℃水浴中煮30分钟，静置在净水中20小时以上，透过脂肪层吸取中层的脱脂乳使用。

做好母羊清群、公羊调教工作。

② 种公羊饲养管理技术　种公羊（如杜泊羊）引进后，采用舍饲饲养方式，选派专人管理，以青草、青干草、青刈饲料为主，按饲养标准补给一定量的混合精料。

采精期日粮配比：混合精料 1.0～1.4 千克，玉米青贮 1.5 千克，胡萝卜 0.5 千克，大麦芽 0.4 千克，牛奶 0.5 千克，骨粉 17 克，盐 14 克，鸡蛋 2 枚，微量元素及多种维生素添加剂。其中混合精料配方为：玉米面 35%，豆饼 40%，麸皮 15%，小米 5%，黄米 5%。

冬季日饮水 3 次，夏季自由饮水。种羊有固定的运动场，每日有 6 小时的自由运动时间，还有 2 小时的驱赶运动。圈舍通风干燥，采光好。定时驱虫、药浴、修蹄、注射疫苗。

为了保证肉羊种羊具有良好的种用体况，采取非配种期集中饲养的办法，种公羊上站前，技术人员进行采精调教。配种期携带必要的精料和有地板的单间舍栏，以保证种公羊的基本使用条件。

通过精细化饲养管理，使种公羊保持良好的体况，性欲强，每日可采精 1～2 次，每次射精量在 1.5 毫升左右，密度好，活力在 0.8 以上。

（3）成效　2011 年在内蒙古乌兰察布市四子王旗选择 12 只黑头杜泊种公羊，分配在 3 个配种站，每站 4 只。从 8 月 10 日开始到 10 月 10 日，采取人工授精的方式，与当地蒙古羊进行杂交，受配母羊 11 000 只，两个情期受胎率达到 85% 左右，每只种羊可完成 800 只左右母羊的配种，生产能力很高。

在四王子旗选择 20 只黑头杜泊种公羊，分配在 10 个畜群点。从 8 月 10 日开始到 10 月 10 日，与当地蒙古羊进行自然交配，共配母羊 1300 只，每只种公羊可配 65 只母羊左右。

通过以上对比可以看出，人工授精种公羊利用率明显提高。

64. 繁殖母羊阶段饲养的优点有哪些？

（1）概述　繁殖母羊的饲养目标是生产出数量更多、体格健壮的断奶羔羊，其经济收入可以占到一个羊场总收入的 80%。

繁殖母羊一年中要经历配种、妊娠、哺乳等多个生理阶段，每一个阶段的饲养管理效果，都会影响到其饲养目标能否实现。因此，要想养好繁殖母羊，必须在满足常年保持良好饲养管理条件的基础上，根据其空怀期、妊娠期和泌乳期的生理特点实施有针对性的阶段饲养管理措施。

繁殖母羊分阶段饲养的优点：①可以充分利用饲养设施设备，便于安排生产。②提高了饲料的利用效率和养殖效益。分阶段饲养便于调整羊只的饲料配方与饲喂量，通过固定饲槽饲喂提高了羊只的饲草利用率，减少了饲草浪费；同时，满足了各类羊只、各阶段羊只的营养需求，保证了羊只健康、生长发育和各项生产。③提高了产品品质。规模化分群圈舍饲养能根据羊只不同阶段的生理特点和要求实行标准化管理，提高了种羊和育肥羊的整齐度和一致性，产品质量得到保证。

（2）技术特点

① 空怀期　羔羊断奶至配种受胎时期，约为 3 个月。此阶段要对母羊抓膘复壮，为配种妊娠贮备营养，以确保母羊有较高的受胎率和产羔率。母羊每天喂给的风干饲料应为体重的2.5%。具体措施是在配种前 1～1.5 个月把母羊的膘情调整到中等偏上。一般情况下，对于膘情过肥的母羊加强放牧运动，对膘情较差的母羊实行短期优饲（重点补充玉米等能量饲料），使母羊能够发情整齐，排卵数增加，产羔集中。

② 妊娠期

妊娠前期：此期胎儿发育缓慢，母羊所需营养与空怀期相同，应保持良好的膘情。通常秋季配种以后牧草已处于青草期或已结籽，营养丰富，母羊只靠放牧饲养即可；但若配种季节较晚，牧草已枯黄，则应给母羊补饲。管理上，要避免母羊吃霜草、霉烂饲料，避免受惊猛跑和饮用冰碴水，以防隐性流产。

妊娠后期：此时胎儿生长迅速，羔羊初生重的 80%～90%在此期间完成。母羊的营养要全价，若营养不足，则羔羊体小无毛、抵抗力弱、容易生病和死亡，母羊分娩衰竭，泌乳减少；若母羊过肥，则容易出现食欲不振，反而使胎儿营养不良。因此，在妊娠的最后 5～6 周，怀单羔母羊可在维持饲养基础上增加 12% 日粮，怀双羔母羊则增加 25% 日粮。在放牧饲养为主的羊群中，妊娠后期冬季放牧每天 6 小时，放牧距离不少于 8 千米；临产前 7～8 天，不要到远处放牧，以免产羔时来不及回羊舍；放牧中要稳走慢赶，出入圈门和喂草料时防止拥挤造成流产。

③ 哺乳期 在现代养羊生产中，哺乳期的长短取决于饲养方案的要求，一般范围是 90～120 天。由于羔羊生后 2 个月内的营养主要靠母乳，故母羊的营养水平应以保证泌乳量多为前提。据研究，哺乳母羊产后头 25 天喂给高于饲养标准 10%～15% 的日粮，羔羊日增重可达 300 克。产双羔的母羊每天应补给精料 0.4～0.6 千克，苜蓿干草 1.0 千克；产单羔的母羊则分别为 0.3～0.5 千克和 0.5 千克。同时产双羔或单羔的母羊还应补给多汁饲料 1.5 千克。在管理上，要求产后 1～3 天内，不应对膘情好的母羊补饲精料，以防消化不良或发生乳房炎；要保证充足饮水和羊舍干燥清洁。当羔羊长到 2 月龄以后，母羊泌乳力逐渐下降，羔羊已能采食大量青草和粉碎饲料，可逐渐取消对母羊的补饲，转为完全放牧。

羔羊要适时断奶：1 年产 2 次羔的断奶可提早，发育较差和计划留种用的羔羊可适当延长断奶期。羔羊断奶前要加强饲喂。一般采取一次断奶法，对代哺乳或人工哺乳的羔羊在 7 天内逐渐断奶，断奶羔羊仍留原舍饲养。母羊产后第 1 次发情一般在产后 1～1.5 个月，实行羔羊早期断奶，再用激素处理母羊 10 天左右，停药后注射孕马血清和促性腺激素，即可引导母羊发情排卵，及时配种受胎，提高年产胎数。

（3）成效 内蒙古鄂尔多斯市养殖场饲养德美羊、杜泊羊、道赛特羊、萨福克羊和小尾寒羊，利用分阶段饲养繁殖母羊，平均繁殖成活率达到 94.5%，育肥羊出栏平均体重 46.3 千克。

张英杰等（2002）研究了小尾寒羊母羊在不同生理阶段适宜饲养水平，发现在妊娠前期的饲养水平应以低中水平为宜，妊娠后期饲养水平应以中等水平为宜，哺乳前期应采取高水平饲养为宜，哺乳后期可采用中等水平饲养。

65. 北方牧区如何实施划区轮牧？

（1）概述　对于天然草原和人工草场的合理利用，划区轮牧是有效的方法之一。划区轮牧是指在一个放牧季节内，依据生产力将牧场划分成若干小区，每个小区放牧一定天数，依序有计划地放牧，并循环使用。这种利用放牧场的方法是比较科学的，特别是在高产放牧场和人工草地上，其优越性更为显著。

（2）技术特点

① 确定小区数目　小区数目与草场类型、草场生产力、轮牧周期、放牧频率、小区放牧天数、放牧季节长短、放牧牲畜数量、类型等都有关，需要综合分析计算。轮牧周期长短取决于再生草再生速度，再生草高度达 8～12 厘米时可再利用。小区持续放牧天数要考虑不让牲畜吃完再生草以及蠕虫感染的时间。

当放牧频率小时，小区数量就要增加。根据各地放牧地条件，在草原、草甸上小区数目最好为 12～14 个，干草原及半荒漠以 24～35 个为宜，荒漠因无再生草，小区数目以 33～61 个为宜。但小区设置过多，资金投入就增加，需要综合考虑。

② 小区布局要考虑下述条件

A. 从任何一个小区达到饮水处和棚圈不应超过一定距离，各类家畜有其适宜距离。

B. 以河流作饮水水源时可将放牧地沿河流分成若干小区，自下游依次上溯。

C. 如放牧地开阔，水源适中时，可把畜圈扎在放牧地中央，以轮牧周期为 1 个月分成 4 个区，也可划分多个小区。若放牧面积大，饮水及畜圈可分设两地，面积小可集中一处。

D. 各轮牧小区之间应有牧道，牧道长度应缩小到最小限度，但宽度必须足够（0.3～0.5 米）。

E. 应在地段上设立轮牧小区标志或围篱，以防轮牧时造成混乱。

（3）成效　内蒙古自治区呼伦贝尔市呼伦贝尔种羊场是该市规模很大的羊场，占地 3 万多亩，为典型草原，有各类羊 4 000 多只。为合理有效利用草场，减少劳动力，降低生产成本，提高效益，采取了划区轮牧技术。

① 总体设计建设方法　根据项目区自然条件及生产现状，暖季采用划区轮牧，冷季半舍饲。划区轮牧 2 万亩，分成 2 个单元，每个单元平均分成 9 个放牧小区，每小区放牧天数平均 8～9 天，放牧频率 2 次，轮牧周期 75 天，每年 6～10 月依次轮牧利用，轮牧季 150 天。打机井 2 眼并配备输水管道、水箱及相关设施，合理利用地形落差，使每个小区的羊群不出小区就可以饮上清洁的水，既减少来回走动对草场的践踏，又减少了肉羊能量消耗。同时在放牧小区分散放置盐槽或盐砖，供肉羊自由舔食。

② 小区放牧轮换方式　小区每年的利用时间对区内牧草有一定影响，尤其是开始利用的前 3 个小区正值牧草萌发不久，影响最大。为减少这种不良影响，各小区每年利用的时间按一定规律顺序变动，如第一年从第 1 小区开始利用，第二年从第 7 小区开始利用，第三年从第 4 小区开始利用，3 年为一周期。还可以根据实际情况调整，目的是将不良影响分摊到每个小区，使其保持长期的均衡利用。

③ 采取技术措施　用采样方法测定划区轮牧各种植物的覆盖度、高度、密度、产量，确定植物群落的类型和生产力。根据轮牧小区面积和产草量确定轮牧的肉羊数、天数和轮牧周期，并在实际实施过程中逐步调整。在划区轮牧和自由放牧区

内设置固定围笼和活动围笼。观察牧草生长、肉羊采食量、放牧前后产草量变化及变化规律、留茬高度、植物再生规律和肉羊的采食率。

④ 划区轮牧草场监测及使用效果　通过在轮牧小区内设置围笼，观测小区草地植物群落可利用牧草生物量变化情况，发现划区轮牧比自由放牧牧草增加 13％。在划区轮牧植被检测的同时，选择羊群质量基本相同的两个羊群，互为对照，进行划区轮牧与自由放牧情况下，进行羊群增重情况测定和分析。划区轮牧将羊控制在小区内，减少了走动耗能，增重加快，划区轮牧当年羔羊比自由放牧的同类当年羔羊体重提高了 13.3％；采用内蒙古草原勘察设计院制定的划区轮牧技术规程和计算公式，测算新增牧草产量和载畜量。通过实施划区轮牧，草场载畜率提高了 15.7％，草地覆盖度增加了 10％，降低了肉羊培育成本。

66. 肉羊放牧补饲技术的意义和特点是什么？

（1）概述　肉羊放牧补饲技术是指采用放牧与补饲相结合的方法，使羊只在一定时间内获得较高的日增重，达到育肥增重和正常繁殖的目的。

放牧时，根据地形地势、牧草及季节等情况，随时变换放牧队形。游走要慢，采食均，吃得饱、吃得好。羊群走路靠带头羊，一群羊没有头羊，放牧是很困难的。羊合群性强，只要有领头羊，其他羊就会尾随而行动，故放牧饲养要合理组群，训练头羊。放牧肉羊要满足营养供给，会受到季节的很大影响，因而有时要进行补饲，补饲的饲料种类包括粗饲料和精料。补饲干草可直接放在草架上让羊自由采食，补饲豆科牧草要切碎或加工成草粉饲喂，同时还要适当搭配青贮饲料，以提高粗饲料的采食量和利用率。精料的补饲按照肉羊的生理阶段来确定饲喂量，要制定科学的饲料配方。

（2）技术特点

① 放牧技术

选择好放牧地点：根据不同天然草场的情况，确定适宜的放牧地点和方式。天然草地大致可分为林间草地、草丛草地、灌丛草地和零星草地等。在放牧时，应尽量选择好的草地放牧，充分利用野生牧草和灌丛枝叶在夏、秋季生长茂盛的特点，做好羊只放牧育肥工作。

采取划区轮牧：划区轮牧有很多优点：一是羊只经常采食到新鲜幼嫩的牧草，适口性好，吃得饱，增重快。二是牧草和灌木得到再生的机会，提高草地的载畜量和牧草的利用率。三是减少寄生虫感染的机会，划区轮牧是预防四大蠕虫即肺丝虫、捻转胃虫、莫尼茨绦虫和肝片吸虫的关键措施。

放牧时的注意事项：跟群放牧，羊不离群，人不离羊，防止羊只丢失；防止损坏林木和践踏庄稼；防止兽害和采食有毒植物；定期驱虫、药浴，防止寄生虫病；添加矿物质营养盐转或补饲食盐。

合理组建放牧群体：将同一品种、年龄、性别的羊编入一群；也可将育成羊、老羊、妊娠羊、哺乳羊编入一群，这些羊行走慢；也可分成公羊群、母羊群、育成羊群。在牧区种公羊群50只左右，育成公羊群200～300只，成年母羊群200～250只，育成母羊群250～300只，羯羊群300～500只为宜。农区牧地较少，羔羊的放牧育肥以每群规模50～100只较适宜。

② 补饲技术　采取放牧加补饲技术既能充分利用夏、秋季丰富的牧草，又能利用各种农副产品及部分精料，特别是在育肥后期适当补饲混合饲料，可以增加育肥效果。放牧加补饲技术既要抓好放牧工作，又要抓好补饲工作。补饲的饲料粮一般每天每只可补喂混合饲料0.25～0.5千克、青绿饲料1～2千克。出栏前补饲育肥3个月，可以有效地提高屠宰前体重和产肉量。

参考配方Ⅰ：玉米 20%，麦麸 25%，大麦 20%，菜饼

10%，棉籽饼 5%，草粉 18%，磷酸氢钙 1%，食盐 1%。

参考配方Ⅱ：玉米 50%，麦麸 30%，豆科草粉 16%，鱼粉 1%，蚕蛹 1%，贝壳粉 1%，食盐 1%。

（3）成效　四川省在 2000—2001 年通过在富顺、乐至、仁寿县开展放牧补饲的试验，波杂一代羊经过 90 天放牧补饲（每天放牧时间 4～5 小时，补饲配合饲料 0.15 千克）的育肥试验，育肥补饲的效果十分显著。波杂羊只增重 10.96～14.01 千克，平均 12.59 千克，日增重 121.78～155.67 克，平均 140.17 克，比本地羊分别提高 69.68%，70.13%。说明杂种羊育肥补饲的效果十分显著。

2011 年对云南半细毛羊育成羊分高、中、低 3 种营养水平进行放牧加补饲饲养，并与全程放牧羊进行比较，放牧草地牧草为"黑麦草＋白三叶＋鸭茅"。结果表明：补饲高、中、低营养水平的公、母羊日增重分别为 148 克和 107 克、141 克和 105 克、115 克和 102 克，与对照组（全程放牧）公、母羊日增重 61 克和 63 克差异极显著。补饲后的经济效益明显高于全放牧的效益，补饲高、中、低营养水平的羊只每只分别比不补饲的羊只多收入 106.19 元、145.83 元和 179.64 元，经济效益非常显著。

67. 如何对羔羊进行早期补饲？

（1）概述　羔羊早期补饲技术是指羔羊在出生 14 日龄后，通过设置羔羊补饲栏或料槽为羔羊补喂饲料的一项技术。羔羊早期补饲技术从 20 世纪 90 年代开始应用于山羊生产中，主要通过补饲部分精饲料和干草，训练羔羊采食。其目的在于加快羔羊早期生长速度，以刺激消化器官的发育，缩小单、双羔及多羔羊的差异，为后期育肥打好基础。同时也减少了羔羊吃奶的频率，使母羊泌乳高峰期保持较长时间。一般在羔羊 21 日龄开始补料，早的可以提前到羔羊 14 日龄时。补饲羔羊的饲料包括精饲料和粗饲料，粗饲料以优质青干草为好，用草架或吊把让羔羊自由采食，精饲料主要有玉米、豆饼、麸皮等。

（2）技术特点

① 补饲时间　羔羊要做到早开食，以刺激消化器官的发育。羔羊生后 5～7 天，白天仍留羊舍内饲养，母羊可外出就近牧场放牧，中午回来喂奶 1 次，这样可使羔羊早、中、晚 3 次吃饱奶。若母仔过早的混群放牧，既影响母羊不能安心采食，又可能造成羔羊感冒、肚疼、腹泻。10～15 天比较健壮的羔羊可跟随母羊放牧，但要防止羔羊丢失，并训练羔羊采食青草和精料，使羔羊的胃肠机能及早得到锻炼，促进消化系统和身体的生长发育。15 日龄羔羊每天补喂混合精料和优质青干草，50 日龄以后应以青粗饲料为主，适当补喂精饲料，精饲料喂量随月龄的增长而增加。

② 选择好补饲料　根据哺乳羔羊消化生理特点及正常生长发育对营养物质的要求，选择好补饲料。补饲饲料种类包括青干草和配合饲料，青干草为三叶草、燕麦草、黑麦草等，配合饲料为玉米、黄豆或豌豆、食盐等粉碎后的混合料或颗粒料。羔羊到断奶年龄后，及时断奶。

参考配方Ⅰ：玉米 45%，麦麸 22%，豆粕 30%，鱼粉 2%，食盐 1%。

参考配方Ⅱ：碎玉米 53%，豆粕 15%，麸皮 30%，磷酸氢钙 1%，食盐 1%。

③ 补饲方法　在母羊圈舍内放置一个羔羊补饲的料槽和水槽，每天将羔羊补饲料放置其中，任羔羊自由采食。羔羊在补饲栏内可采食到补饲料，在栏外能吃到母乳，满足羔羊生长发育需要，提高生长速度。15 日龄羔羊每天补喂混合精料 30～50 克，30 日龄 70～100 克，2～3 月补喂混合精料 100～200 克，3～4 月补喂混合精料 250 克，优质青干草自由采食。

④ 精心管理　羔羊补饲要做好羊舍和用具的消毒工作，地

面保持干燥，羊舍要冬暖夏凉、通风干燥，每只羔羊有 0.5～1.0 米² 的活动和歇卧面积。饮水充足清洁，认真搞好疫病防治，加强饲养管理。

（3）成效　羔羊早期补饲技术先后应用于肉用山羊"两改一防"技术、"肉用山羊生产配套技术"、优质肉用山羊生产配套技术、农业部"948"等项目的推广，取得了显著成效。

68. 羔羊早期育肥包括哪些技术要点？

（1）概述　优质羔羊肉生产的主体是周岁内羔羊育肥，按照断奶时间可分为羔羊早期育肥和断奶后羔羊育肥。羔羊早期的主要特点是生长发育快、脂肪沉积少、瘤胃利用精料的能力强等，故此时育肥羔羊既能获得较高屠宰率，又能得到最大的饲料报酬。但羔羊早期育肥的缺点是胴体偏小，规模上受羔羊来源限制。

（2）技术特点　羔羊早期育肥技术方案的实质是羔羊不提前断奶，保留原有的母子对，提高隔栏补饲水平，3 月龄后挑选体重达到山羊 20 千克、绵羊 25～27 千克的羔羊出栏上市，活重达不到此标准者则留群继续饲养。目的是利用母羊的全年繁殖，安排秋季和初冬季节产羔，供节日应时特需的羔羊肉。

选羊：从羔羊群中挑选体格较大、早熟性好的公羔作为育肥羊。

饲喂：以舍饲为主，母子同时加强补饲。要求母羊母性好，泌乳多，故哺乳期间每日喂足量的优质豆科干草，另加 0.5 千克精料。羔羊要求及早开食，每天喂 2 次，饲料以谷物粒料为主，搭配适量黄豆饼，配方同早期断奶羔羊；每次喂量以 20 分钟内吃净为宜。另给予上等苜蓿干草，由羔羊自由采食。干草质量差时，日粮中应添加蛋白质饲料（每只羔羊补 50～100 克）。

出栏：根据品种和育肥强度，确定出栏体重，育肥体重达到要求即可出栏上市。通常在羔羊 4 月龄前达到要求。

69. 断奶后羔羊育肥包括哪些技术要点？

（1）概述　羔羊断奶后育肥是羊肉生产的主要方式，因为断奶后羔羊除小部分选留到后备群外，大部分要进行出售处理。一般地讲，对体重小或体况差的羊只进行适度育肥，对体重大或体况好的羊只进行强度育肥，均可进一步提高经济效益。

（2）技术特点

① 预饲期的饲养管理　预饲期的饲养管理根据下面原则进行，并可适当调整。每天喂料 2 次，每次投料量以 30～45 分钟内吃净为佳，不够再添，量多则要清扫；料槽位置要充足，保证每只羊都有采食点；改变饲喂量和更换饲料配方都应有逐渐过程，在 3 天内完成；断奶后羔羊运出之前应先集中，再停给水、喂草，空腹一夜后次日早晨称重运出；入舍羊应保持安静，供足饮水，1～2 天只喂一般易消化的干草；全面驱虫和预防注射；根据羔羊的体格强弱和采食行为差异调整日粮类型。

预饲期大约为 15 天，可分为 3 个阶段。

第一阶段：1～3 天，只喂干草，目的是让羔羊适应新的环境。

第二阶段：7～10 天，从第 3 天起逐步用第二阶段日粮更换第一阶段日粮，第 7 天换完，用第二阶段的日粮喂到第 10 天。日粮配方为：玉米 25%，干草 64%，糖蜜 5%，油饼 5%，食盐 1%，抗生素 50 毫克。此配方含粗蛋白 12.9%，钙 0.78%，磷 0.24%，精粗比 36：64。

第三阶段：10～14 天，日粮配方的精粗比可以达到 50：50。

② 正式育肥期的饲养管理　预饲期于第 15 天结束后，转入正式育肥期。此期内应根据育肥计划、当地条件和增重要求，选择日粮类型，并在饲养管理上分别对待。

A. 精料型日粮　此类型日粮仅适用于体重较大的健壮羔羊

育肥，如绵羊初始体重 35 千克左右，经 40～55 天的强度育肥，出栏体重达到 48～50 千克。

日粮配方为：玉米 96％，蛋白质平衡剂 4％，矿物质自由采食。其中，蛋白质平衡剂的成分为苜蓿 62％，尿素 31％，粘固剂 4％，磷酸氢钙 3％，粉碎均匀后制成直径 0.6 厘米的颗粒。矿物质成分为石灰石 50％，氯化钾 15％，硫酸钾 5％，微量元素盐 28％，氧四环素和预混料 2％（二者比例为 1：9）。

饲养管理要点：应保证羔羊每天每日食入粗饲料 45～90 克，可以单独喂给少量秸秆，也可用秸秆当垫草来满足。进圈羊只活重较大，绵羊为 35 千克左右。进圈羊只休息 3～5 天，注射三联疫苗预防肠毒血症，隔 14～15 天再注射 1 次。保证饮水，并对外地购来羊只在饮水中加抗生素，连服 5 天。在用自动饲槽时，要保持槽内饲料不出现间断，每只羔羊占有 7～8 厘米的槽位。羔羊对饲料的适应期不低于 10 天。

B. 粗饲料型日粮　此类型可按投料方式分为普通饲槽用日粮和自动饲槽用日粮两种。前者把精料和粗料分开喂给，后者则是把精、粗料合在一起的全日粮饲料。为减少饲料浪费，建议规模化肉羊饲养场采用自动饲槽用日粮，此处仅介绍该种。

日粮用干草以豆科牧草为主，其蛋白质含量不低于 14％，按照渐加慢换的原则逐步转到育肥日粮的全喂量。每只羔羊每天按 1.5 千克计算，自动饲槽内装足一天的用量，每天投料 1 次。配制出来的日粮在成色上要一致。带穗玉米要碾碎，使羔羊难以从中挑出玉米粒。

C. 青贮饲料型日粮　此类型以玉米青贮饲料为主，可占到日粮的 67.5％～87.5％，不适用于育肥初期的羔羊和短期强度育肥羔羊，可用于育肥期在 70～80 天以上的体小羔羊。育肥羔羊开始应喂预饲期日粮 10～14 天，再转用青贮饲料型日粮。随后适当改变喂量，逐日增加，10～14 天内达到全量。严格按照日粮配方比例混合均匀，尤其是石灰石不可缺少。要达到预期日增重 110~160 克，羔羊每日进食量不能低于 2.3 千克。

（3）成效 应该利用羔羊生长发育快和饲料报酬高的特点，积极推广周岁羔羊屠宰，重点抓好建设一批大型肉羊产品加工企业，推行集中屠宰。同时，借鉴世界羊肉主产国生产技术标准和开展符合我国国情的羔羊肉生产技术研究，提高加工企业的技术改造和技术创新能力，生产出优质的羔羊肉。

山东省利津县盐窝镇 1997 年建成了以羔羊育肥和屠宰加工为主体的黄河三角洲畜产品大市场，常年存栏 45 万只，年出栏屠宰羊 140 万只，取得了良好的经济效益。

70. 无公害肉羊养殖的生产过程如何？

（1）概述 无公害畜产品是指产地环境、生产过程和产品质量符合国家有关标准和规范的要求，经认证合格获得认证证书并允许使用无公害农产品标志的未经加工或者初加工的食用畜产品。其特点在于：产地必须具备良好的生态环境；对产品实行全程质量控制；生产过程中必须科学合理地施用限定的兽药、药物饲料添加剂，禁止使用对人体、环境造成危害的化学物质；食品中微生物和有毒有害物质含量必须在国家法律、法规以及国家或有关行业标准规定的安全允许范围内；对产地和产品实行认证管理。

我国无公害农产品的产生和发展始于 20 世纪 90 年代后期，为了防止因农业生产滥用农药造成的公害与"农残"、不合理使用兽药引起的"药残"，全面提高我国农产品质量安全水平和市场竞争力。该计划以全面提高我国农产品质量安全水平为核心，以农产品质量标准体系和卫生质量监测检验体系的建设为基础，通过对农产品实施"从农田到餐桌"全过程的质量安全监控，以逐步实现我国主要农产品的无公害生产、加工和消费。

我国是养羊大国，养羊数量和羊肉产量均居世界第一，而且羊肉消费呈逐年增加趋势，但肉羊产品安全问题也十分严重，疫病和瘦肉精等非法添加物的问题时有发生。因此，推进肉羊养殖标准化，保证大众消费安全，是肉羊产业持续、快速、健康发展的重要保证。

无公害肉羊生产技术包括环境、引种、饲养、防疫、废弃物处理等各个方面实施科学化管理，通过优良养殖环境和设施，引进优质品种，选用优质饲料，减少兽药使用，杜绝添加使用违禁药物等，提高家畜产品质量安全水平，增强市场竞争力，提高养羊业的经济效益。

（2）技术特点

① 羊场环境　羊场应选建在地势较高、向阳、排水良好和通风干燥的地方，切忌在低洼涝地、山洪水道、冬季风口等处建场。距离生活饮用水源地、居民区和主要交通干线、其他畜禽养殖场及畜禽屠宰加工厂、交易场所 500 米以上。交通与通讯要便利，保证能源供应充足和必要的通讯条件。水源稳定，水质良好。电力供应充足。

场区分区要合理：场区与外界隔离，牧场边界清晰，有隔离设施。场区内分为生活管理区、生产区、草料加工区和隔离观察区四部分，并由低矮灌丛或矮墙以及净道、污道隔离开。生活管理区应安排在地势较高的上风处；生产区的羊舍朝向应有利于冬季采光或夏季遮阴；隔离区一般位于地势较低的下风处，是场内污道的走向。

配套设施：羊场要根据环境条件、生产要求建设羊舍及运动场，羊舍可采用密闭式、半开放式、开放式羊舍。在羊舍和运动场设有料槽、水槽等设施。设有粪尿污水处理设施，粪便、病害肉尸及其产品必须进行无害化处理。饲养场设有与生产相适应的消毒设施、更衣室、兽医室、资料室、药房等，并配备工作所需的仪器设备。有与养殖规模相配套的饲料贮存设施及设备，如青贮窖、干草棚、贮草棚或封闭的贮草场地，并有相应的饲料处理设备。

羊舍空气质量及水源：羊舍空气要新鲜，及时清除粪便或及时垫草，把有害气体降低到最小，绿化和美化环境，净化空气。饮用水质总的要求是有丰富的、可利用的洁净水质的水源，水质标准须达到相应标准。

环境卫生与消毒：为确保场内和周边地区的卫生和羊体健康，必须建立消毒制度。消毒药物选择高效，对人、畜、环境安全无残留，对设施无破坏性的消毒剂。在消毒方法上可采用喷雾消毒、浸渍消毒、紫外线消毒、清洁消毒等。

羊场大门、羊舍门口分别设置消毒池：大门消毒池长度为运输车辆轮胎周长的 2 倍。羊场和羊舍内应配备清洗消毒设施。羊舍周围每周撒生石灰 1 次，污水池、粪尿池和排出管道每日用百毒杀、菌毒灵或漂白粉消毒 1 次。消毒池内可用石灰水或抗毒威、氯毒杀等。定期对食槽、草架、饮水池进行清洁，可用 0.01%～0.02% 的高锰酸钾或 0.2%～0.5% 的过氧乙酸消毒，金属制品可用新洁尔灭进行定期或不定期消毒。进出车辆和人员应严格消毒。

② 饲养品种　饲养的品种要为优良品种，最好自繁自养。需要引进品种时，不得从疫区购羊。购入的羊只应有动物卫生检疫监督部门出具的检疫合格证，并在隔离区（场）隔离 40 天以上，经兽医检查确定为健康合格后，方可转入场内。饲养规模要达到出栏 180 只以上。

③ 投入品管理

饲草饲料：有无污染无毒的草地、杂草、牧草和农作物秸秆饲料、栽培饲料以及可供羊食用的其他饲料。使用的饲料原料和饲料产品应来源于无疫病地区，无霉烂变质、无有害杂质，未受农药或某些病原体污染，所用的工业副产品饲料应来自无公害的副产品。为防治人工种植牧草和作物饲料病虫害，需要使用农药的必须符合高效、低毒、无残留的农药，最好使用生物防治技术。

饲料添加剂：不使用未取得产品进口许可证的境外饲料和添加剂。严禁在饲料中使用未经国家有关部门批准或禁止使用的药物或饲料添加剂。

兽药及兽药添加剂：肉羊饲养和疾病预防、治疗时，务必时刻了解掌握慎重使用的兽药、禁止使用的兽药和严格执行休药期。慎重使用的兽药：经农业部批准的作用于神经系统、循环系统、呼吸系统、泌尿系统等的拟肾上腺素药、抗胆碱药、平喘药、肾上腺皮质激素类药和解热镇痛药。禁止使用的兽药：禁止使用致畸、致癌和致突变的兽药；禁止在饲料及饲料产品中添加未经农业部批准的《饲料药物添加剂使用规范》以外的兽药品种；禁止使用未经国家畜牧兽医行政管理部门批准或淘汰的兽药；禁止使用未经国家畜牧兽医行政管理部门批准的基因工程方法生产的兽药；人用药品不得随意作兽药使用。

④ 生产管理

人员管理：养殖场要配有经培训合格的无公害农产品内检员，负责企业内部无公害生产组织和内部检查工作。羊场工作人员应定期体检，有传染病者不得从事饲养工作。所有人员进入生产区要经过洗澡、更衣、紫外线消毒。工作人员不得相互串舍。

饲养管理：根据不同生理阶段实行分群饲养，尽可能实施全进全出工艺。

消毒防疫：良好的卫生是无公害肉羊生产的重要保障，适宜的消毒药品选用和消毒方法可以降低疾病发生，减少药物使用，进而保障畜产品安全。

卫生管理：场内废弃物处理实行减量化、无害化和资源化原则，经常保持场区环境整洁卫生。选择合适方法定期灭鼠、灭蚊和驱虫工作。对杀灭物进行无害化处理。病死羊只按照《病害动物和病害动物产品生物安全处理规程》（GB 16548—2006）的要求处理，不应出售或自食病死羊只，也不能饲喂其他动物。经常打扫圈舍，清理粪便，将粪污堆积发酵后用作肥料。

免疫接种：结合当地实际情况，制订免疫接种计划。选用符合《中华人民共和国兽用生物制品质量标准》要求的疫苗，做好免疫工作。

做好驱虫：定期进行驱虫，主要是肝片吸虫、螨虫等寄生虫的驱除。

疫病监测：企业委托当地县级或以上动物卫生监督部门定期和不定期监测，并出具记录或报告。

出栏管理：羊只出栏时，应请当地动物卫生检疫监督部门对羊只进行产地检疫，出具检疫合格证和无疫区证明；运输车辆运输前后都要进行消毒，并开具运输车辆消毒合格证；运输途中，不在疫区、城镇、集市和工业污染区停留、饮水和饲喂。

档案记录：无公害畜产品生产要求从引种开始，到饲草饲料、兽药采购、使用、技术应用、消毒、疾病症断治疗、废弃物处理等各个方面必须有翔实的档案记录，以便发现问题查找原因和分析。档案应长期保存，最少保留 3 年。

（3）成效与案例　吉林省畜牧总站从 2006 年开始推广无公害养羊技术，广泛宣传无公害产品生产技术规范、产地认定和产品认证规程，提高广大养殖户和企业对无公害畜产品认证工作的认识，加强指导。组织技术人员对申报认证企业做好认证前指导，帮助企业完善防疫、消毒、污物无害化处理等设施，建立生产管理各项制度、饲养规程和生产记录，规范标准化生产行为，强化监督。确保申报企业管理制度齐全、饲养操作规程齐全、生产记录完整；防疫设施、消毒设施、废弃物无害化处理设施齐备；内检员培训合格、现场验收合格、环境评价合格、水质测定合格、产品检验合格。

通过努力，已使 11 家羊场达到无公害产品生产标准，通过无公害产地认证和无公害产品认证，共养殖肉羊 20.2 万只，年产羊肉 2 017 吨，其中一家养殖场为国家级标准化养殖示范场。生产的羊肉产品质量得到保证。

71. 肉羊生产信息管理技术包括哪些方面内容？

（1）概述　以计算机为基础的羊场管理信息系统（Management Information System，MIS）是一个由人和计算机组成的综合性系统，以羊场规范化的管理系统为依托和为其服务为最终目的，通过对羊场信息的收集、传输、处理和分析，能够辅助各级管理人员的决策活动，是提高羊场管理质量和效率的重要途径之一。

羊场采用先进、适用、有效的羊场管理体系，将其运用于羊场管理的各个环节和层次，不仅可以改善羊场的经营环境，而且可以降低经营生产成本。管理的规范化程度、严谨程度直接影响到信息管理时的费用大小、质量高低。肉羊养殖场管理信息系统构建规范化管理可以使羊场领导层对生产、经营决策的依据更充分，更具科学性，能更好地把握商机，创造更多的发展机会；还有利于羊场科学化、合理化、制度化、规范化的管理，使羊场的管理水平跨上新台阶，为羊场持续、健康、稳定的发展打下基础。

（2）技术特点

① 肉羊养殖企业信息系统划分的原则　在集约化的生产条件下，为适应快速变化的市场需求，推行以周为时间单位的生产运转信息的汇总分析，清醒地了解当前现状的水平和发展趋势，找出影响完成各项计划的主要问题。系统划分的目的是为了把一个大的系统分成若干部分，便于分块管理。为此，要遵循以下原则：子系统具有相对的独立性；子系统之间的接口简单、明确；子系统的设置应是动态的，便于维护、调试。

按照不同的方式进行分类，如按照管理职能可分生产信息、财务信息、供应信息等；按照管理阶段可分计划信息、报告信息、核算信息等；按照管理级别可分总场信息、市场信息和羊舍信息等。

② 肉羊养殖企业信息分析　在对羊场信息来源、种类、传输方式和处理方式等的全面调查时，首先是羊场的组织机构，这些机构主要包括场办、生产部、供销部和技术部。场办主要是辅助场长处理总场各方面的日常事务，负责各部门的财务往来及总场与下属单位的财务周转，制定财务计划、投资回收期及财务分析。生产部负责全场生产的组织和协调，包括生产计划的制定、实施及生产分析；负责生产试验、实施、制定操作规程、员工的业务考评等。技术部负责羊只育肥、繁殖等技术；总务部门负责与员工日常生活有关的工作，资料的保管等。供销部负责饲料饲草供应计划制定、库存管理、销售管理等。总之，这些机构分工协作、共同完成一系列的生产技术活动以及经济活动。

③ 肉羊养殖企业信息管理的功能

羊只生产信息的功能，生产和育种数据的采集功能：采集生产过程中种羊配种、配种受胎情况检查、种羊分娩、断奶数据；生长羊转群、销售、购买、死亡、淘汰和生产饲料使用数据；种羊、肉羊的免疫情况；种羊育种测定数据等实际羊场在生产和育种过程中发生的数据信息。

生产统计分析功能：根据生产数据统计并分析羊场生产情况，提供任意时间段统计分析和生产指导信息。

生产计划管理功能：根据羊群生产性能制定短期和长期的生产、销售、消耗计划，并进行实际生产的监督分析。

生产成本分析功能：按实际生产的消耗、销售、存栏、产出情况，系统提供羊只分群核算的基本成本分析数据，并帮助用户解决降低成本获得最大效益的问题。

育种数据的分析功能：根据实际育种测定数据和生产数据，结合育种情况分析繁殖率、妊娠率、配种能力等。

系统自维护功能：为了保证生产与育种数据的安全，系统提供数据自压缩保存与恢复功能。为了方便网络用户的使用，系统应该提供远程网、虚拟网络数据传输功能，还应提供详细的、图文并茂的系统帮助。

供销信息系统的功能：市场研究情况报告：主要收集关于客户及潜在客户的数据，数据来源的收集方法主要依靠市场调研。供销情报情况报告：收集关于竞争者的信息、政府对畜牧业结构调整的信息。供销分析信息报告：羊只销售数量和价格的信息、预测羊只价格的分析报告、羊只销售的渠道信息、羊只销售的广告媒体和广告费用的信息。

肉羊养殖企业信息模块的设计：模块设计是系统设计的重要步骤，它是在将系统划分为若干子系统的基础上，进一步将子系统划分为若干模块。模块表示的是处理功能，能对输入的信息进行加工处理，然后输出信息。信息管理系统分为上层模块和下层模块。

系统的输出：肉羊场 MIS 的输出主要是各种生产性能的统计报表。

（3）成效与案例　东北农业大学某学生利用 Visual Basic 6.0 程式语言，开发出羊场信息管理系统。该系统作业记录主要包括羊群管理、羊群繁育管理、胚胎移植、疾病与防治、报表、学习、羊场管理和系统 8 个模块。其中，羊群管理模块可进行羊只个体资料如换场、称重、体尺测量、淘汰等信息的管理；羊群繁育模块可进行发情配种、妊娠诊断、种羊个体资料、种羊系谱、种公羊采精及精液作用等信息管理；胚胎移植模块可进行受体资料、供体资料、移植管理、手术时间等信息管理；疾病与防治模块可进行疾病诊治、检疫免疫、羊舍消毒和兽药使用等信息管理；羊场管理模块可进行羊场事务管理、羊舍管理和人员管理等信息管理。该系统按照羊场管理的实际需求，合理规划羊场管理流程，能满足不同规模羊场管理需要。

72. 优质羊肉生产常用的溯源技术有哪些？

（1）概述　近十多年来，世界范围内的动物疫情不断暴发及食品安全事故频发给人们的健康带来严重威胁，沉重打击了消费者对畜产品的信心。畜产品的质量安全问题，引起了社会各界的高度重视。建立农产品可追溯制度是世界农业发展的必然趋势，它已成为当今世界农业发展的一个重要方向。发达国家通过几十年的努力，在农产品生产管理中引入了工业生产的理念，建立了农产品生产流程可追溯制度，不仅解决了农产品生产、加工、运输、储存、销售等各个环节中质量难以、信息不对称等问题，而且也为保护本国农产品市场设置了重要的技术壁垒。建立农产品质量安全可追溯制度已成为当今世界各国的普遍要求，同时也成为世界各主要农产品出口国所面临的共同问题。

随着国内人们生活水平的提高和膳食观念的转变，食用高营养、低脂肪、绿色肉食品已经成为潮流，人们对羊肉的消费逐渐增大，这给羊肉产业的发展带来巨大的国内市场。目前，国内羊肉生产仍以传统方式为主，繁育、饲养、迁徙、防疫、屠宰加工、销售等环节缺乏完整的信息，难以达到安全、优质、高效与可持续化的要求。面对国内外广阔的羊肉市场需求，以及为消费者和监督部门提供产品质量安全信息的目标，设计、研发羊肉产品全程质量溯源系统成为政府、企业和科研机关迫切要解决的问题。这将为今后肉羊养殖、屠宰加工的规范化和管理过程的信息化、质量溯源和质量监控、绿色食品基地的建设等产生巨大的影响和推动作用。

（2）技术特点

① 无线射频识别技术 无线射频识别技术（Radio Frequency Identification，RFID）为非接触式的自动识别技术，它利用无线射频信号的空间耦合的特性，实现对被识别对象的自动识别。RFID 的特点是利用无线电波来传送识别信息，不受空间的限制。RFID 系统基本工作方法是将 RFID 标签安装在被识别对象上，当被标识对象进入 RFID 读写器的读取范围时，标签和读写器之间建立起无线方式的通信链路，标签向读写器发送自身信

息，读写器接收信息后进行分类，主要有以下几种分类。

按载波频率分为低频射频卡、中频射频卡和高频射频卡；按RFID 系统能量供应方式的不同可分为有源卡和无源卡；按调制方式的不同可分为主动式和被动式；按作用距离可分为超短近程标签、近程标签和远程标签。

② 条形码技术　条形码技术最早出现于 20 世纪 40 年代的美国，20 世纪 70 年代开始广泛被应用。它是在信息技术基础之上发展起来的一门集编码、印刷、识别、数据采集与处理于一体的综合性技术。条形码是由一组按一定编码规则排列的条、空格符，由宽度不同、反射率不同的条和空，用以表示一定的字符、数字机符号组成的信息。条形码系统由条码符号设计、制作和条形码识读器组成。其基本工作方法是由条形码识读器先扫描条形码，然后根据码制所对应的编码规则，便可将条形码符号转换成相应的数字、字符信息，通过接口电路送给计算机系统进行处理与管理，便完成了条形码辨读的过程。包括一维条码技术和二维条码技术，其中二维条码技术对物品的追溯效果好，现在多用。

③ 数据同步技术　手持设备后台使用的数据库为嵌入式数据库，这种数据库一般采用某种数据复制模式与服务器数据库进行映射，满足人们在任意地点、访问任意数据的需求。由于存在数据复制，则在系统中各个应用前端和后端服务器之间可能需要各种必要的同步控制过程，甚至某些或全部应用前端及中间也要进行数据同步。目前在 SQL Serve CE 常用的数据同步技术为合并复制和远程数据访问。

（3）成效与案例　新疆绿翔牧业公司于 2009 年 2 月在国内率先启动羊产品质量追溯体系建设项目。通过对畜牧业现状进行摸底调查和分析研究，确立追溯体系建设的单位、养殖户、数量等。按照"龙头＋基地＋农户"的运行模式，以品牌整合分散资源，分别在 9 个团场建立羊养殖基地和信息采集点，强化各项追溯管理制度的落实；采取信息化管理等措施，监控产品各环节质量，对基地的羊只从养殖到销售各环节进行全程质量控制管理。2009 年，该公司为全师 429 户职工饲养的 90 多万只羊建立了信息档案，基本实现了"生产可记录、信息可查询、流向可跟踪、责任可追究"，推进了规范化养殖。

羊产品质量追溯体系建设项目的实施，使绿翔牧业公司的产品置于社会监督之下，确保消费者食用放心羊肉，为提高企业产品竞争力和市场占有率提供了保障。

六、肉羊主要产品

73. 羊肉成分和营养价值有何特点？

羊肉是人类重要的肉食品之一，尤其是牧区和少数民族如回族的主要肉食之一。羊肉属于高蛋白、低脂肪、低胆固醇的营养食品，其味甘性温，益气补虚，温中暖下，强壮筋骨，厚胃肠，具有独特的保健作用，经常食用可以增强体质，使人精力充沛、延年益寿。特别是羔羊肉具有瘦肉多、肌肉纤维细嫩、脂肪少、膻味轻、味美多汁、容易消化和富有保健作用等特点，颇受消费者欢迎。中华民族的祖先，在远古时代发明的字"羹"，意思是用肉和菜做成的汤，从字形上看，还可以这样解释：用羔羊肉做的汤是最鲜美的。涮羊肉是我国的特色美食，主要原料是羔羊肉。现代涮羊肉的调制家也确认羔羊肉肥瘦相宜，色纹美观，到火锅中一涮即刻打卷，味道鲜美、肉质细嫩，为成年羊肉所不及。在国外，许多国家大羊肉和羔羊肉的产量不断变化，羔羊肉所占的比例增长较快，甚至不少国家羔羊肉产量超过大羊肉。羔羊肉生产量不断增大的主要原因是：①羔羊肉的需要量大，羔羊肉生产很少超过市场的需求量；②羔羊肉比大羊肉易被人体消化吸收，在国际市场上羔羊肉的价格比大羊肉高；③成本低，羔羊生产速度快，培育羔羊所需时间短，饲料消耗相对少；④羔羊利用植物性蛋白效率高，比大羊高 $0.5\sim1$ 倍。因此，生产羔羊肉成本低、产品和劳动生产率较高，羔羊肉售价又高，因而经营有利，发展迅速。如美国现在的羔羊肉产量占全部羊肉总产量的70％，新西兰占 80％，法国占 75％。

当前，除信奉伊斯兰教的民族以牛肉、羊肉为主外，许多国家的消费者也趋向于取食牛、羊肉，目的是减少动物性脂肪的取食量，以避免人体摄入过多的胆固醇，减少心血管系统疾病的威胁。羊肉中的胆固醇含量在日常生活食肉的若干肉类中是比较低的。在每 100 克可食瘦肉中，胆固醇含量：羊肉 65 毫克，牛肉 63 毫克，猪肉 77 毫克，鸭肉 80 毫克，鱼肉 83 毫克，鸡肉 117 毫克。另外，据研究，在动物蛋白质中有一种能够运送脂肪酸到其氧化区域，参与调解脂肪酸的氧化速率的物质——肉碱，在心脏和骨骼肌肉中，肉碱的含量特别多。2002 年，日本北海道大学学者若松纯一对羊、牛和猪肉中的肉碱含量进行检测，发现羊肉中肉碱含量最多。每 100 克羊肉中含有 188～282 毫克。肉碱还有可能防止脑老化的功效，因此，从脑科学角度看，羊肉称得上是健康食品。

羊肉的脂肪纯白色，硬度大、熔点高，新鲜时有种风味，在空气中暴露起分解作用，有一种特殊味道。羊肉有膻味，绵羊比山羊膻味小，羯羊比公羊膻味小，这种膻味是一种挥发性脂肪酸存在的关系。羊肉的肌肉纤维细嫩、柔软、肥瘦适中，从可消化养分讲，羊肉中可消化蛋白质的含量较高。羊肉蛋白质中氨基酸如赖氨酸、精氨酸、组氨酸、丝氨酸和酪氨酸的含量都高于牛肉、猪肉、鸡肉，羊肉中所含硫胺素和核黄素也较其他肉品多，所以羊肉是品质良好的肉品之一。

74. 肉羊屠宰包括哪些要点？

屠宰加工是羊肉生产的重要环节。优质肉品的获得很大程度上取决于屠宰加工的条件与方法。在肉类工业中，把肉类畜禽经过刺杀、放血、剥皮与烫毛和开膛去内脏，最后加工成胴体等一系列处理过程，称为屠宰加工。这是深加工的前处理，因而也叫初步加工。肉羊的屠宰加工包括以下步骤。

（1）宰前检验　宰前检验是确保屠宰的羊来自安全的非疫

区，健康无病，并取得非疫区证明和产地检疫证明。准备屠宰的肉羊，宰前必须进行健康检查，观察口、鼻、眼有无过多分泌物，呼吸、行动是否正常，离群的羊、患病的羊不可屠宰。对可疑的病羊进行隔离观察，对确定的病羊应及时送急宰间处理。将健康的羊送候宰间待宰。通过宰前检验能够发现宰后难以发现的疫病，如口蹄疫、脑炎、胃肠炎、脑包虫病等，以及某些中毒性疾病，这些病在宰后一般无特征性病变。

（2）候宰　羊在屠宰前16～24小时，应停止放牧和补饲，宰前2小时停止饮水，防止胃肠内容物过多，造成去内脏困难。

（3）击昏　击昏是使羊暂时失去知觉，避免屠宰时因挣扎、痛苦等刺激血管收缩，放血不净而降低肉的品质。羊的击昏基本采用电麻击昏，电麻装置比较简单。电击晕时要依据羊的大小、年龄，注意掌握电流、电压和麻电时间。电压电流强度过大，时间过长，引起血压急剧增高，造成皮肤、肉和脏器出血。我国多利用低电压，通常情况下利用电压90伏，电流0.2安，时间3～6秒。击昏主要在大型屠宰厂应用。

羊的宗教宰杀和农村农户宰杀一般不采用击昏工序。

（4）刺杀和放血　羊击昏后要尽快刺杀，刺杀位置要准确，使进刀口能充分放血。羊在刺杀时，在羊的颈部纵向切开皮肤，切口8～12厘米，然后用刀伸入切口内向右偏，挑断气管和颈动脉血管进行放血，应避免刺破食管。除肉联厂利用机械、半机械化屠宰外，目前我国广大农村牧区宰杀肉羊多数采用"抹脖子"和直接在颈动脉处刺破血管的方法。这种方法简单易行，但影响皮形完整和血迹容易污染皮毛。刺杀后3～5分钟，即可进入下一道工序。

国外发达国家已采用空心放血刺杀，利用真空设备收集血液，卫生条件好。

肉品放血度好坏，或者说完全与否，直接影响肉品的外观性状、滋味或气味及耐存性能，乃至等级与经济价值等。放血完全或充分的肉品特征是：肉的色泽鲜艳有光泽，肉的味道醇正，含水量少，不粘手，质地坚实，弹性强，能耐长时间保藏，能吸引消费者选购，经济效益高。放血不完全的特征：肉品外表色泽晦暗、缺乏光泽，有血腥味，含水分多，手摸有湿润感，有利于微生物生长繁殖，容易发生腐败变质，不耐久贮。这种肉通常不受消费者欢迎，将会降低其应有的经济价值。

（5）剥皮　屠宰后的羊要进行剥皮，剥皮的方法有手工剥皮和机械剥皮。

羊的手工剥皮是将羊的四肢朝上放在清洁平整的地面上，用尖刀在后肢一侧挑开小口，吹气或充气，让皮和胴体分开利于剥皮。然后用尖刀沿腹中线挑开皮层，向前沿胸部中线挑至嘴角，向后经过肛门挑至尾夹，再从两前肢和后肢内侧，垂直于腹中线向前、后肢挑开两条线，前肢到腕关节，后肢到飞节。剥皮时，先用刀沿挑开的皮层内剥开 5～10 厘米，然后用拳揣法将整个羊皮剥下，剥皮时一定要小心，防止刀伤或剥破皮，剥下的羊皮要求完整，不缺少任何一部分，特别是羔皮要保持全头、全耳、全腿，去掉耳骨、腿骨及尾骨，公羔的阴囊应留在羔皮上。

机械剥皮时，羊刺杀放血后，先用手工剥皮，并割去头、蹄、尾及预剥下颌区、腹皮、大腿部和前肢部的皮层，然后用机械将整个皮革剥下。

（6）开膛解体　羊剥皮后应立即开膛取出内脏，最迟不超过 30 分钟，否则脏器和肌肉均有不良影响。

（7）同步卫检　同步卫检是羊屠宰加工工艺中的重要工序，胴体与脏器要同步进行卫检，准确检查羊的内脏有无病变，确保肉质的质量。

（8）冷却（排酸）　羊胴体在屠宰后如果尽快冷却，就可以得到质量好的肉，同时也可以减少损耗。冷却间温度一般为 2～4 ℃，相对湿度 75%～84%，冷却后的胴体中心温度不高于 7 ℃，羊一般冷却 24 小时。

（9）悬挂输送　悬挂输送系统是屠宰生产线中将屠体及胴体传送到各个加工工序进行流水线作业的关键装置。悬挂输送装置又分手推线和自动式两种。手推线主要用于中小型羊屠宰生产线或宰杀放血工序以及冷却（排酸）工序，自动线主要用于大中型羊屠宰生产线。

（10）胴体修整　羊的胴体修整主要是割去生殖器、腺体、分离肾脏。胴体修整的目的是保持胴体整洁卫生，符合商品要求。

（11）检验、盖章、称重、出厂　为了确保消费者吃上放心肉，在整个屠宰加工过程中，要进行屠宰兽医检疫，一般分为头部、心脏、旋毛虫、胴体初检及复检等不同检验点。宰后检验分为头部检验、内脏检验和胴体检验 3 个基本环节。

检验完成后，根据不同情况盖章处理。

75. 肉羊胴体如何分级？

（1）胴体分级　胴体亦称屠体，是衡量肉羊的羊肉生产水平的一项重要指标。胴体重是指肉羊宰杀后，立即去掉头、毛皮、血、内脏和蹄后，静止 30 分钟后的躯体重量。但在我国南方很多地区，以及国外一些国家的山羊胴体是脱毛带皮的，消费者和市场均认可。

绵、山羊胴体的分级，目的在于按质论价，按类分装，便于运输、冷藏和销售。

我国制定的《羊肉质量分级》（NY/T 630—2002），包括绵、山羊胴体，共分三大类，每类又分为 4 个等级（表 6-1）。

在国外，一般将绵羊肉分为大羊肉和羔羊肉两种。大羊肉是指周岁以上换过门齿的，羔羊肉是指出生后不满一年、完全是乳齿的绵羊的肉，其中出生后 4～6 月龄屠宰的羔羊称为肥羔。

表6-1 羊胴体等级及要求

项目	大羊肉				羔羊肉				肥羔肉			
	特等级	优等级	良好级	可用级	特等级	优等级	良好级	可用级	特等级	优等级	良好级	可用级
胴体重量（千克）	>25	22~25	19~22	16~19	18	15~18	12~15	9~12	>16	13~16	10~13	7~10
肥度	背膘厚度0.8~1.2厘米，腿肩背部脂肪丰富，肌肉不显露，大理石花纹丰富显	背膘厚度0.5~0.8厘米，腿肩背部覆盖有脂肪，肩背部肌肉略显，大理石花纹显	背膘厚度0.3~0.5厘米，腿肩背部覆盖有薄层脂肪，腿肩部肌肉略显，大理石花纹略现	背膘厚度≤0.3厘米，腿肩背部脂肪覆盖少，肌肉显露，无大理石花纹	背膘厚度0.5厘米以上，腿肩背部覆盖有脂肪，腿肩部肌肉略显露，大理石花纹明显	背膘厚度0.3~0.5厘米，腿肩背部覆盖有薄层脂肪，腿肩部肌肉略显露，大理石花纹略现	背膘厚度0.3厘米以下，腿肩背部脂肪覆盖少，肌肉显露，无大理石花纹	背膘厚度≤0.3厘米，腿肩背部脂肪覆盖少，肌肉显露，无大理石花纹	眼肌大理石花纹略显	无大理石花纹	无大理石花纹	无大理石花纹
肋肉厚	≥14毫米	9~14毫米	4~9毫米	0~4毫米	≥14毫米	9~14毫米	4~9毫米	0~4毫米	≥14毫米	9~14毫米	4~9毫米	0~4毫米
肉脂硬度	脂肪和肌肉硬实	脂肪和肌肉较硬实	脂肪和肌肉略硬	脂肪和肌肉软	脂肪和肌肉硬实	脂肪和肌肉较硬实	脂肪和肌肉略软	脂肪和肌肉软	脂肪和肌肉硬实	脂肪和肌肉较硬实	脂肪和肌肉略软	脂肪和肌肉软

（2）胴体分割　绵、山羊胴体大致可分成八大块，这八大块可分成 3 个商业等级：属于第一等级的部位有肩背部和臀部；属于第二等级的部位有颈部、胸部和腹部；属于第三等级的有颈部切口、前腿和后小腿。

将胴体从中间切成两片，各包括前躯肉和后躯肉两部分。前躯肉与后躯肉的分切界限，是在第十二肋骨与第十三肋骨之间，即在后躯肉上保留一对肋骨。前躯肉包括肋肉、肩肉和胸肉，后躯肉包括后腿肉及腰肉。

76. 如何测定肉羊产肉力？

肉羊产肉力测定通常包括以下指标。

（1）胴体重　指屠宰放血后，剥去毛皮、除去头、内脏、前肢腕关节及后肢跗骨，趾关节以下的部分，整个躯体（包括肾脏及其周围脂肪）静止 30 分钟后的重量。

（2）净肉重　指用温胴体精细剔除骨后余下的净肉重量。要求在剔肉后的骨头上附着的肉量及损耗的肉屑不能超过 300 克。

（3）屠宰率　一般指胴体重与羊屠宰前活重（宰前空腹 24 小时）之比。

（4）净肉率　一般指胴体净肉重占宰前活重的百分比。若胴体净肉重占胴体重的百分比，则为胴体的净肉率。

（5）骨肉比　指胴体骨重与胴体净肉重之比。

（6）眼肌面积　测量倒数第一肋骨与第二肋骨之间脊椎上眼肌（背最长肌）的横切面积，因为它与产肉量呈高度正相关。

测量方法：一般用硫酸绘图纸描绘出眼肌横切面的轮廓，再用求积仪算出面积。如无求积仪，可用下面公式估测：眼肌面积（厘米^2）＝眼肌高度（厘米）×眼肌宽度（厘米）×0.7

（7）GR 值　指在第十二肋骨与第十三肋骨之间，距背脊中线 11 厘米处的组织厚度，作为代表胴体脂肪含量的标志。

77. 如何评定羊肉品质？

羊肉的品质受品种、年龄、性别、营养水平和屠宰季节诸因素的影响。对羊肉的品质要求，一般可从以下几方面进行评定。

(1) 肉色　肉色是指肌肉的颜色。使肉具有特征性颜色的红色素叫肌红蛋白。肉色是由组成肌肉中的肌红蛋白和肌白蛋白的比例所决定。肌红蛋白含量越多，颜色就越深，也与肉羊的性别、年龄（羔羊肉含更多的肌红蛋白）、肥度、宰前状态、放血的完全与否、冷却、冻结等加工情况有关。成年羊的肉呈鲜红色或红色，老母羊肉呈暗红色，羔羊肉呈淡红色。在一般情况下，山羊肉的颜色较绵羊肉色红。

羊肉的肉色评定可用分光光度计精确测定肉的总色度，也可按肌红蛋白含量来评定。在现场多用目测法：取最后一个胸椎处背最长肌为代表，新鲜肉样于宰后 1～2 小时，冷却肉样于宰后 24 小时在 4 ℃左右冰箱中存放。在室内自然光照下，用目测评定法评定肉新鲜切面，避免在阳光直射下或在室内阴暗处评定。灰白色评 1 分，为红色评 2 分，鲜红色评 3 分，微暗红色评 4 分，暗红色评 5 分。两级间允许评 0.5 分。

(2) 大理石纹　大理石纹指肉眼可见的肌肉横切面红色中的白色脂肪纹理结构，红色为肌肉细胞，白色为肌束间的结缔组织和脂肪细胞。白色纹理多而显著，表示其中蓄积较多脂肪，肉多汁较好，是简易的衡量肉含脂量和多汁性的方法。要准确评定，需经化学分析和组织学测定。现在常用的方法是取第一腰椎部背最长肌鲜肉样，置于 0～4 ℃冰箱中 24 小时，取出横切，以新鲜切面观察其纹理结构，并借用大理石纹评分标准图评定，只有大理石纹痕迹评为 1 分，有微量大理石纹评为 2 分，有少量大理石纹评为 3 分，有适量大理石纹评为 4 分，若是有大量大理石纹评为 5 分。

（3）羊肉酸碱度（pH）的测定　　羊肉酸碱度是指羊被宰杀停止呼吸后，在一定条件下，经一定时间所测得的 pH。肉羊宰杀后，其羊肉发生一系列的生化变化，主要是糖原酵解和三磷酸腺苷的水解供能变化，结果使肌肉聚集乳酸和磷酸等酸性物质，使肉 pH 降低。这种变化可改变肉的保水性能、嫩度、组织状态和颜色等性状。

用酸度计测定肉样 pH，按酸度计使用说明书在室温下进行。直接测定时，在切开的肌肉面用金属棒从侧面中心刺一个孔，然后插入酸度计电极使肉紧贴电极球后读数；捣碎测定时，将肉样加入组织捣碎机中捣 3 分钟左右，取出装在小烧杯中，插入酸度计电极测定。

评定标准：鲜肉 pH 为 5.9～6.5；次鲜肉 pH 为 6.6～6.7；腐败肉 pH 在 6.7 以上。

（4）羊肉失水率测定　　失水率是指羊肉在一定压力条件下，经一定时间所失去的水分占失水前重的百分数。失水率越低，表示保水性能越强，肉质嫩、肉质好。

测定方法：截取第一腰椎后背最长肌 5 厘米肉样一段，平置在洁净的橡胶片上，用直径为 2.532 厘米的圆形取样器（面积约 5 厘米^2），切取中心部分眼肌样品一块，其厚度为 1 厘米，立即用感量为 0.001 克的天平称重，然后放置于铺有多层吸水性好的定性中速滤纸上，以水分不透出，全部吸净为度，一般为 18 层定性中速滤纸的压力计平台上，肉样上方覆盖 18 层定性中速滤纸，上、下各加一块书写用的塑料板，加压至 35 千克，保持 5 分钟。撤除压力后，立即称取肉样重量。肉样加压前后重量的差异即为肉样失水重。

（5）羊肉系水率测定　　系水率是指肌肉保持水分的能力，以肌肉加压后保存的水量占总含水量的百分比表示。它与失水率是一个问题的两种不同概念，系水率高，则肉的品质好。肌肉蛋白是高度带电荷的化合物，在其表面吸附着很多水分子。在动物被宰杀后，随着肌肉的僵直酸度提高，致使负电荷增加，这就中和了蛋白质中的正电荷而释放出水分子。当正负电荷相等时，就没有多余的正电荷来保持水分子了。就是说，肉已达到等电点，此时的肉系水力最差。当 pH 为 5.3～5.5 时，就出现这种情况。

动物宰杀时，正常肌肉的 pH 为 6.4～7.0。由于死亡以后肌肉的正常生理活性还要持续一段时间，通常其 pH 将下降到 5.2～5.4。pH 下降的原因，是肌肉不能通过呼吸作用再合成 ATP，从而积累了磷酸和乳酸使酸度增加。

肌肉蛋白的系水力可影响肉制品的食用品质。为使肉在蒸煮或熏制过程中获得良好的产品，就应尽可能保持肌肉最高的系水力。肉的 pH 一般都高于等电点。任何增加肉品酸性或使其接近等电点的做法都会降低其系水力。

测定方法：取背最长肌肉样 50 克，按食品分析常规测定法测定肌肉加压后保存的水量占总水量的百分数。

（6）熟肉率　熟肉率指肉熟后与生肉的重量比率。用腰大肌代表样本，取一侧腰大肌中段约 100 克，于宰杀后 12 小时内进行测定。剥离肌外膜所附着的脂肪后，用感量 0.1 克的天平称重，将样品置于铝蒸锅的蒸屉上用沸水在 2 000 瓦的电炉上蒸煮 45 分钟，取出后冷却 30～45 分钟或吊挂于室内无风阴凉处，30 分钟后称重，计算熟肉率。

（7）羊肉的嫩度　羊肉的嫩度指肉的老嫩程度，是人食肉时对肉撕裂、切断咀嚼时的难易，嚼后在口中留存肉渣的大小和多少的总体感觉。肉的嫩度是评定肉品质最重要的指标之一。比较宰后不同时间煮肉的嫩度可以发现，屠宰后立即烹调，肉质较嫩。然而，在僵硬前的一段时间中，肉就逐渐变韧，当肉达到僵直时，韧度达最大。肉持续冷藏可使肉变嫩，在 4 ℃冷藏 7～10 天，肉的嫩度几乎恢复到与刚屠宰的肉相同。无论整个胴体或部分胴体都如此，这是肉嫩化的普通方法。

羊肉嫩度评定通过采用仪器评定和品尝评定两种方法。仪器评定目前通常采用肌肉嫩度计，以千克为单位表示，数值越小，肉越细嫩，数值越大，肉越粗老。口感品尝法通常是取后腿或腰部肌肉 500 克，放入锅内蒸 60 分钟，取出切成薄片，放于盘中，佐料随意添加，凭咀嚼碎裂的程度进行评定，易碎裂则嫩，不易碎裂则表明粗老。

（8）膻味　膻味是绵、山羊特有的气味，致膻物质的化学成分主要存在于脂肪酸中，起关键作用的有己酸、辛酸、癸酸及 4-乙基辛-2-烯酸等低碳链游离脂肪酸。这些脂肪酸单独存在时并不产生膻味，必须按一定的比例，结合成一种较稳定的络合物，或者通过氢键相互缔合形式存在，才产生膻味。膻味的大小因羊的品种、性别、年龄、季节、遗传、地域、去势与否等因素不同而异。

鉴别羊肉的膻味，最简便的方法是煮沸品尝。取前腿肉 0.5～1.0 千克放入铝锅内蒸 60 分钟，取出切成薄片，放入盘中，不加任何佐料，凭咀嚼感觉来判断膻味的浓淡程度。

78. 卡拉库尔羔皮有哪些特点？

（1）概述　羔皮是指从流产或出生后 1～3 天内宰杀的羔羊所剥取的毛皮。

卡拉库尔羔皮亦称波斯羔皮，在我国又称为三北羔皮，是卡拉库尔品种羔羊出生后 3 天内宰杀或死亡所剥取的羔皮。由于流产所剥取的皮张因时间不同可分为以下几种。

① 早期流胎羔皮　又称光板皮，是从胚胎 112～120 天时流产的羔羊剥取的羔皮。刚刚形成被毛，被毛紧贴皮板，皮板小而薄。

② 近产流胎羔皮　又称花纹羔皮，是从胚胎 120～130 天时流产的羔羊剥取的羔皮。被毛具有良好的光泽和丝性，并开始形成毛卷或花纹，花纹极为美丽且皮板轻薄。

③ 临产流胎羔皮　又称花纹毛卷羔皮，是从胚胎 130～146

天时流产的羔羊剥取的羔皮。被毛形成鬓形卷和不清晰卧蚕形卷，花案美观，皮板轻薄。

（2）卡拉库尔羔皮的主要特点　卡拉库尔羔皮是制作帽子、大衣领和女士大衣的贵重毛皮原料。此外，在羔羊出生后 15～30 天剥取的为小二毛皮，在 1～4 月龄剥取的为大二毛皮，4 月龄至第一次剪毛前剥取的皮称为大羊皮。

①　毛卷　卡拉库尔羔皮的主要特征是具有各种不同类型的毛卷。这些毛卷的形状、大小、色泽、丝性及经济价值等方面都随毛卷的类型不同而异。根据毛卷的形状和结构，可将毛卷的类型分为优等毛卷、次优等毛卷、中等毛卷、劣等毛卷。

②　光泽　被毛具有良好的丝性和亮而不刺眼的光泽，这是卡拉库尔羔皮的特征之一。被毛光泽的好坏取决于毛卷的类型、粗毛与绒毛的比例及毛纤维的细度和油汗的多少。

卡拉库尔羔皮被毛的光泽分强烈光泽、正常光泽、光泽不足、碎玻璃状光泽和毛玻璃状光泽 5 种，以正常光泽为最佳，其他光泽都为不理想的被毛光泽。

③　颜色　被毛有多种颜色。黑色羔皮，又区分为深黑色、黑色和褐黑色，而光泽鲜艳的深黑色是黑色卡拉库尔羔皮的理想着色。

灰色羔皮，其被毛由黑色和白色纤维组成，按黑白纤维比例，又分为浅灰、中灰和深灰 3 种色度。着色均匀的中灰色是珍贵的毛色，其价值比黑色羔皮高。

苏尔色羔皮，又称彩色羔皮，其特点是在整个毛纤维上色素呈区域性分布，因而在同一根毛纤维上形成了基部和尖端具有不同的颜色，基部颜色深，尖端颜色浅，且具有美丽的光泽。

另外，还有棕色羔皮、粉红色羔皮和白色羔皮等。

79. 湖羊羔皮有哪些特点？

（1）概述　湖羊羔皮又称小湖羊毛皮，是传统的出口商品，羔皮毛色洁白、花案奇特美观、扑而不散，有"软宝石"之称，在国际裘皮市场享有盛誉。

（2）湖羊羔皮的主要特点

① 毛色　毛色洁白，毛丝光润，炫耀夺目；毛细短而无绒，毛根发硬，富有弹力；花纹明显而奇特，如流水行云，波浪起伏，美观，甚为悦目；毛纤维紧贴皮板，扑而不散；板质轻薄而柔韧，经鞣制可染成各种颜色，制成各式翻毛的妇女长、短大衣或外衣镶边，童装或春秋时装，以及披肩、帽子、领子、围巾等，美观大方，深受国内外消费者欢迎。在国际市场上享有很高的声誉，经济价值很高。

② 花纹　湖羊羔皮的花纹类型，可以分为波浪花、片花、半环花、弯曲毛、平毛和小环形花 6 种类型。波浪花是代表湖羊羔皮特征的一种最美丽的花纹，片花属于次优等花纹，其余属于次等花纹。

80. 济宁青山羊猾子皮有哪些特点？

（1）概述　青山羊猾子皮具有青色的波浪形花纹，人工不能染制，非常美观，在国际市场上很受欢迎，是我国传统出口产品。鞣制后的猾子皮皮板轻，可制翻毛大衣、帽子、皮领、皮褥等。

（2）青山羊猾子皮的主要特点

① 被毛色泽　青山羊猾子皮的颜色是由黑色、白色毛混生而形成青色。由于黑毛与白毛的比例不同，又分为正青色、铁青色和粉青色。毛被中黑毛含量在 50% 以上者属铁青色，黑毛含量在 30%～50% 者属正青色，黑毛含量在 30% 以下者为粉青色。被毛多呈银光和丝光，其中比较细的毛被光泽较好，粗糙的毛被光泽欠佳。

② 花纹类型　青山羊猾子皮的被毛是由较细的粗毛纤维组

成。青山羊猾子皮的花纹可分为波浪形花、流水花、片花和隐暗花 4 种。其中以波浪形花最美观。

波浪形花的被毛，由于毛的弯曲一致，且排列整齐形成像波浪状起伏的卷曲，向后或向两侧分布。组成毛被的毛纤维具有两个近似半圆形的弯曲紧贴皮板，呈卧 S 形。当毛根离开皮肤后，第一个弯曲弧面向下靠近皮肤，形成一个凹陷波，第二个弯曲的弧面向上形成一个高波，如此一波连一波，形成整齐的波浪，每个波浪的宽度在 1~1.5 厘米，长度不等。

流水形花的被毛，毛纤维根部直，而上部有一个较大的弓形弯，由于只有一个弯曲，不能形成明显的高低波浪，因而呈现出小波慢流水一样的花纹。

片花的被毛，毛的弯曲状态基本上与波浪形花相似，由于形成的花弯曲排列不整齐，多在脊背两侧形成不规则的一片片的波浪形花，故称为片花。

隐暗花的被毛，多在毛的上端有 2~3 个小的波形弯曲，由于小波形弯曲形成的花纹不明显，只在毛面上呈现出隐暗形花纹，故称为隐暗花。

81. 羊皮的防腐、贮藏及运输有哪些方面的注意事项？

（1）概述　羊的板皮和毛皮是皮革行业的重要原料。因此，在生产毛皮和板皮的过程中，要特别注意对羔皮、裘皮和板皮的剥取、防腐、贮藏和运输等操作方法，如果方法不当，可能影响其品质和利用价值。

（2）生皮的防腐　鲜羊皮中含有大量的水分和蛋白质，很容易腐败变质。因此，剥下的毛皮（生皮）在冷却之后，应立即进行防腐。防腐的原理是在生皮内外造成一种不适宜细菌和酶作用的环境，即用降低温度，除去水分，利用防腐剂、消毒剂或化学药品等处理手段，消灭细菌或阻止酶对生皮的作用，从而减少对毛皮的损害。

① 干燥法　主要利用干燥除去鲜皮中的大量水分，从而给细菌、真菌造成生理缺水的环境，抑制其生长繁殖，达到防腐的目的。冬季寒冷季节宰剥的羊皮多用此法。干燥后的羊皮尽早打捆保存。

② 盐腌法　利用食盐溶液的高渗透压起到脱水作用，抑制细菌生长而达到防腐的目的。分为撒盐法和盐水浸泡法。

撒盐法是将食盐粒直接撒在已经清理好的羊皮上，通常是将鲜皮毛面向下，平铺在水泥板或平地上，在皮板上均匀地撒上一层盐，头部、尾部由于脂肪多，可以多撒些。食盐用量一般为15%～20%，然后再铺上另一张生皮，并且按照前面的方法撒盐，重复此操作，直至堆积到一定高度，经 5～6 天的堆积后，重新翻放和撒盐，再经 5～6 天取出晾晒。腌过的羊皮，板面对板面叠在一起，然后打捆贮存。

盐水浸泡法是将已经清理好的鲜皮浸入盛有盐水的水泥池中，盐水的浓度不应低于 25%，经 15～24 小时的浸泡。在浸泡过程中，应将毛皮上下翻动数次，浸泡液的温度保持在 5～15 ℃。经过一定时间浸泡后，将毛皮取出，沥水 2 小时后按照干腌法的操作逐层撒盐堆放 5～6 天后，取出晾晒。

③ 化学处理法　用食盐、氯化铵及铝明矾组成的混合物来处理羊皮。通常采用 85% 的食盐、7.5% 的氯化铵、7.5% 的吕明矾混合物，涂抹于皮的板面，并轻轻揉搓后将羊皮毛面向外，折叠成方形，堆放放置 7 天即可。

（3）贮藏和运输　鲜皮在经防腐处理后应妥善贮藏。贮藏期间应特别注意高温和防湿，若空气中湿度过大，微生物极易在羊皮上滋生。存放毛皮的房间注意保持清洁、干燥、阴凉，室内的温度不超过 25 ℃，相对湿度为 60%～70%。而且羊皮在堆放时尽量不直接接触地面和墙壁，用木板将毛皮与地面和墙壁隔开，这样既能防止毛皮受潮而腐烂变质，又可防止毛皮遭虫蛀和鼠咬。由于入库保存成本较高，一般农、牧户不易做到，特别是在高湿度地区或气候炎热的时候。因此，农、牧户应将初加工处理后的羊皮及时交给收购部门贮藏。

个体和专业户生产的羊皮，不宜存放过久，要及时或尽早出售和调运。羊皮在运输时注意防止潮湿和雨淋，凡潮湿的毛皮，待皮干燥后再行发运，以免在运输中发热焖皮。在雨季运输时，要有足够的防雨塑料布。运输过程中，毛面向里，板面向外，用绳打捆，每捆重量 80 千克左右，以便装卸方便。生皮在起运和到达目的地后，必须迅速移放在专用仓库。

82. 羊奶有哪些物理特性？

羊奶的物理特性，包括奶的颜色、气味、密度、比重、冰点、沸点、比热、表面张力、折射率、导电率等，这些性质是评定羊奶质量的重要依据。

（1）色泽及气味　新鲜的羊奶为白色不透明液体。乳的色泽是由乳的成分决定的。白色是由于脂肪球、酪蛋白酸钙、磷酸钙等对光的反射及折射所产生的；白色以外的颜色是由核黄素、乳黄素即胡萝卜素等所决定的。

羊奶含有一种特殊的气味—膻味。羊奶的膻味比羊肉的膻味要淡得多，在通常情况下是不易闻出来的，只在加热或饮食时可感觉出来，这种气味在持续保存之后则更加强烈，膻味可通过脱膻处理加以消除。

羊奶的脂肪含量高于牛奶，其氯化物和钾的含量也高于牛奶，乳糖含量低于牛奶，所以其味道浓厚油香，没有牛奶甜。

（2）比重和密度　比重和密度是衡量奶中干物质含量多少的一个重要指标。羊奶的标准比重，为 15 ℃时奶的重量与同温度同体积纯水的重量之比。标准密度为 20 ℃时奶的重量与同容积纯水在 4 ℃时的质量之比。在 15 ℃时，正常鲜羊奶的比重为

1.034（1.030～1.037）。

羊奶的比重随着乳成分和温度的改变而变化。乳脂肪增加时比重就降低。乳中掺水时比重也降低，每加 10％的水，就降低比重 0.003。在 10～25 ℃范围内，温度每变化 1 ℃，乳的比重就相差 0.000 2。

（3）表面张力　测量表面张力的目的是为了鉴别奶中是否混有其他添加物。在 20 ℃下，牛奶的表面张力为 0.04～0.06 毫牛/米。表面张力受温度、乳脂率的影响较大。表面张力小，乳块细软，容易消化。

（4）导电率　奶的导电率与其成分、特别是与氯根和乳糖含量有关，当乳中氯根含量升高或乳糖含量减少时，导电率增大。

正常山羊奶的导电率在 25 ℃时为 0.006 2 欧姆。在 5～7 ℃时，温度与导电率呈直线相关。导电率超出正常值，则认为可能是乳房炎乳或掺假乳。

（5）冰点　奶的冰点比较稳定，变动范围很小。羊奶的冰点平均为－0.58 ℃，范围在－0.664～－0.573 ℃；而牛奶的冰点平均为－0.55 ℃，范围在－0.565～－0.525 ℃。如果在乳中掺水，可导致冰点升高。如鲜奶掺水 10％时，冰点约上升 0.054 ℃。因此，测定冰点的主要目的是检验鲜奶中是否掺水。所以，冰点是检验鲜奶中掺水的重要标志。乳房炎乳、酸败乳的冰点降低。

83. 羊肠衣的加工要点包括哪些方面？

（1）概述　羊肠衣是指羊的大、小肠经过刮制而成的坚韧半透明的薄膜。羊肠衣用途广泛，是食品工业、医药及其他工业的重要原料。主要用作灌装香肠的外衣，还可制成肠线供制作网球拍线、弓弦、乐器弦线和外科缝合线等。我国的羊肠衣多产于华北、东北、西北、西南等地。

我国的肠衣资源丰富，而且品质较好，也是我国传统的出口物资，每年的出口量占国际市场肠衣总贸易量的 60% 以上。我国的肠衣不仅口径大小适宜，两端粗细均匀，颜色纯洁透明，而且肠壁坚韧，富有弹性，经过高温、烟熏、蒸、煮都不会破裂，非常适于灌制各种香肠、腊肠、灌肠，用它制成的高级灌肠可以保持长时间不变质，不走味，在国际市场上深受欢迎。

肠管壁自内向外分为黏膜、黏膜下层、肌层和浆膜 4 层。加工羊的盐肠衣时，仅留黏膜下层，剥取其他 3 层；加工羊干肠衣时，除黏膜下层外还保留部分黏膜。

（2）羊肠衣的初加工处理　初加工是指从屠体取下的原肠经过倒粪、洗涤后除去脂肪，刮去外层、中层和内层，只剩下半透明层，以便进行腌制加工成半成品。具体操作工艺如下。

① 取肠　羊只宰杀后，从羊腹腔内取出内脏后立即剥去肠油。接着捋肠，捋肠时将两端打结，以防肠粪漏出染污其他脏器，将肠衣扯下后，应及时将肠内粪倒净，以保证肠体新鲜。

② 除粪　肠内粪污要及时捋净。积粪较硬不易捋出时，可灌入适量温水便于粪便排出。

③ 灌水冲洗　原肠去粪后再灌水冲洗，即为半成品。经灌水洗净杂质的羊肠，刮制时可减少沙眼，能提高半成品质量。合格的原肠应该是品质新鲜，气味、色泽正常。

（3）半成品的加工处理

① 浸洗　浸洗前缸内先放入清水，将原肠 5 根挽成 1 把，理顺浸入缸内。浸洗时间不宜过长，冬季浸泡 4～5 小时，夏季只需将原肠冲洗干净即可，不需要发酵，以利于品质色泽新鲜。

② 刮肠　刮羊肠时应使用胶制刮刀刮制。将原肠理顺，从小头一端灌入清水 30 厘米左右，使肠壁润湿，便于排除黏膜、污物。然后把肠管摊平，刀背稍向外倾斜，呈弯月形，轻轻地向大头刮，以免肠筋粘连而断折。刮肠板要保持清洁平滑，刮肠的

黏膜层、油筋要随时清除，防止撕破肠壁而影响品质。

③ 灌水检查　刮好的半成品要逐根检验，割去破洞、残伤部分。发现遗留杂质应补刮干净。

④ 量尺码　将刮制好的肠衣，以接头量尺码的方法，每把100 米，每节不短于 1 米，最多 13 节，量尺码后扣一结子，并将肠理顺。

⑤ 腌肠　用精制盐对羊肠进行腌制，切忌用粗盐或腌过肠衣的回盐。粗盐粒会损伤肠壁，产生破洞、沙眼；回盐内含有较多蛋白质和微生物，对羊肠半成品易产生盐蚀。

⑥ 扎把　双手持肠，来回折叠，长度 0.5 米，折叠时随手将窜出的肠头撩起。叠完后一手抓住肠把中间，另一只手用肠把打结一端，横绕 1～2 圈，穿过中孔轻轻收紧成把。

⑦ 下缸保管　先在缸底撒少许食盐，然后把肠把一层一层排放在缸内，中间留一空隙，逐层灌入已冷却的熟盐卤。

⑧ 包装运输　羊肠衣半成品要及时调运，可采用木桶或胶布袋包装。

制成的半成品应无腐败气味和其他异味，呈白色、灰白色。

(4) 成品的加工处理

① 洗涤　将半成品肠衣放入清水缸中浸泡，拆把、洗涤、反复换水。洗净杂质后，再在清水中浸洗，应注意掌握浸洗时间，夏季不超过 2 小时，冬季可稍长些，做好多洗多漂，漂至肠衣无血色、洁白即可。

② 灌水分路和配码　根据羊肠衣容易漏水的特点，灌水时，应以大头套水龙头灌水，分路后将小头搭在钵子口上。

③ 腌肠　腌肠时将肠衣的结拆散，然后均匀撒盐，要求均匀揉腌，一次腌透。腌肠时用盐要适当，盐腌过多，易失油性，走浆；用盐过少，则因缺盐而变质。特别在炎热的夏季，配量好的成品应尽快盐腌，防止腐败。

④ 绕把　梳通结头重新扣节，再将肠把理顺，抖去盐粒，

从头至尾绕在工字形木架上。

⑤ 下缸保管　不能及时装桶或零星的成品，应下缸保管。

84. 羊血的利用途径有哪些方面？

（1）重要的蛋白质来源　羊屠宰后可获得体重 3%～6% 的血液，羊血是重要的蛋白来源，其含量为 16.4%，羊血是饲料工业中的重要原料，随着脱色新技术和血蛋白分解方法的进步，羊血可用来加工血粉、食品添加剂、黏合剂、复合杀虫剂等产品。

血粉是生产多种氨基酸、水解蛋白注射液和高蛋白饲料的原料。血浆可代替蛋清，加工成各种营养食品。由于血浆具有高效乳化剂的作用，加热后能形成凝胶体，可滞留脂肪和水分，因此，添加血浆制成的各种食品营养价值高，保水性能好，富有弹性。血浆的成本仅为鸡蛋的 1/4～1/3，代替蛋清能降低营养食品的生产成本。

（2）利用羊血制备食用蛋白　将新鲜羊血放入锅中煮沸 30 分钟左右，形成血块，用绞肉机绞成血泥。把血泥称量后放在水解锅中，再按血泥量加 1.6 倍的氢氧化钙溶液，充分搅拌均匀，然后加入血泥 0.5～0.6 倍的清水，此时 pH 为 7.5 左右。取适量氯仿，加 3 倍量的水，搅拌成乳浊状后加到血泥混合液中。在投料前 2 小时，将新鲜胰绞成胰糜，加石灰粉，调整 pH 至 8，活化 2 小时后加入水解锅中，用饱和氢氧化钙调整 pH 至 7～7.5。然后改用氢氧化钠（30%）调整 pH。此时温度应保持在 40℃，反应 18 小时。pH 一般在反应前 3～4h 很容易下降，到 pH 7.8～8 以后转稳定。PH 应稳定在 8 左右，直到水解完毕。然后用 30% 的磷酸调 pH 为 6～7，终止酶反应，将水解液移到搪瓷桶中，加水煮 20 分钟左右。在煮沸的中和液中，加入活性炭，再用稀磷酸调整 pH 至 6.5 左右，用离心机分出清液，移入锅中，用小火加热浓缩至黏稠状。最后在低温下真空干燥，或在石灰缸中干燥，即得成品。

（3）羊血制品在食品中的应用

① 肉制品　在肠制品中添加血浆，其产品蛋白质含量可提高 7%，成本降低 5%～8%。

② 糖果、糕点　血浆或全血水解后，其蛋白含量比奶粉含量高，因此，将羊血制成的食品加入糕点、面包中效果非常好。不仅可以提高食品中的营养价值，而且血蛋白粉用作发泡剂，比鸡蛋发泡大，口味好。另外，血蛋白粉是很好的乳化剂，可代替牛奶加入面包中，使面包外观好，且不易老化。

③ 营养补剂　羊血制品可补充儿童发育所需的必需氨基酸，如组氨酸、色氨酸，治疗和预防缺铁性贫血。

七、肉羊常见病防治技术

85. 如何防治羊胃肠炎？

（1）概述　羊胃肠炎是指由于某种病因引起胃肠黏膜及其深层组织发生的炎症，多以肠炎为主。临床特征为严重的胃肠道功能障碍和不同程度的自体中毒。该病是羊常见病和多发病，几乎所有养殖场均有发生，幼羊发生多，且病情严重，治疗不及时易造成死亡。

（2）技术特点

① 发病原因　饲养不善，饲料品质粗劣，饲料调配不合理，饲料霉变，食入有毒植物、化学性毒物以及大量青绿饲料，饮水不洁，羊舍卫生差，羊舍不能保暖防雨，以及在治疗上用药不当或泻药剂量过大都可能成为病因。另外，还会伴随在某些传染性病和寄生虫病（如羊鼻蝇蛆、球虫病等）的病程中。

② 临床症状　病羊精神不振，食欲及反刍减少或消失，鼻干燥，经常有口腔炎及大量唾液流出。脉搏及呼吸加快，瘤胃蠕动缓慢，有时发生轻度臌气，瘤胃蠕动有时加剧，常有嗳气现象。触诊腹部有痛感。腹泻，粪便稀软或水样，恶臭或腥臭。腹泻时肠音增强，病至后期则肠音减弱或消失。当炎症主要侵害胃及小肠时，肠音则逐渐变弱，排粪减少，粪干色暗，常有黏液混杂，后期才出现腹泻。

③ 防治措施

预防：改善饲养管理条件，保持适当运动，增强体质，保证健康。日常管理注意饲料质量、给料方法，建立合理的管理制度，提高科学的饲养管理水平。

治疗：原则是消除炎症、清理胃肠、预防脱水、维护心脏功能，解除中毒，增强机体抵抗力。

早期单纯消化不良，可用胃蛋白酶 1 克溶于凉开水中饮用。

拉水样粪便时，用活性炭 20～40 克、次硝酸铋 3 克、鞣酸蛋白 2 克、磺胺脒 4 克，成羊一次口服，重者可肌内注射硫酸阿托品止泻。也可用复方新诺明片 0.5 克×4 片、小苏打 0.3 克×6 片、鞣酸蛋白 0.3 克×7 片，成羊一次口服。中药可用白头翁汤、郁金散、乌梅散等治疗。

当脱水时可用糖盐水 500 毫升、10％安钠咖 2 毫升、40％乌洛托品 5 毫升，一次静脉注射。脱水严重时，还需补钾、钙、维生素 C 等。

心力衰竭时，可用 10％樟脑磺酸钠 3 毫升，一次肌内注射，或用尼可刹米注射液 1 毫升，皮下注射。

当病羊 4～5 天未吃食物时，可灌炒面糊或小米汤、麸皮大米粥；开始采食时，应给易消化的饲草、饲料和清洁饮水，然后逐渐转为正常饲养。

86. 如何防治羊瘤胃积食？

(1) 概述　羊瘤胃积食是指瘤胃充满饲料，超过了正常容积，致使胃体积增大，胃壁扩张，食糜滞留在瘤胃引起严重消化不良的疾病。该病临床特征为反刍、嗳气停止，瘤胃坚实，疝痛，瘤胃蠕动极弱或消失。

(2) 技术特点

① 发病原因　羊吃了过多的质量不良、粗硬易膨胀的饲料，如块根类、豆饼、霉变饲料，或采食干料而饮水不足等。当患有前胃迟缓、瓣胃阻塞、创伤性胃肠炎、腹膜炎、真胃炎、真胃阻塞等疾病时可继发瘤胃积食。

② 临床症状　病羊在发病初期食欲、反刍、嗳气减少或停止；鼻镜干燥，瘤胃积食，排粪困难，腹痛，不安摇尾，弓背，

回头顾腹，呻吟咩叫；呼吸急促，脉搏加快，结膜发绀。听诊瘤胃蠕动音减弱、消失；触诊瘤胃胀满、硬实。后期由于过食造成胃中食物腐败发酵，导致酸中毒和胃炎，精神极度沉郁，全身症状加剧，四肢颤抖，常卧地不起，呈昏迷状态。

③ 防治措施

预防：加强饲养管理。如饲草、饲料过于粗硬，要经过加工再喂，注意不要让羊贪食与暴食，加强运动。

治疗：原则是消导下泻，止酵防腐，纠正酸中毒，健胃补液。

消导下泻：石油蜡 100 毫升、人工盐或硫酸镁 50 克、芳香氨醑 10 毫升，加水 500 毫升，一次灌服。

止酵防腐：鱼石脂 1～3 克、陈皮酊 20 毫升，加水 250 毫升，一次内服。

纠正酸中毒：5%的碳酸氢钠 100 毫升、5%的葡萄糖 200 毫升，一次静脉注射。

药物治疗无效时，速进行瘤胃切开术，取出内容物。

病羊恢复期可用健胃剂促进食欲恢复，如用龙胆酊 5～10 毫升，一次灌服；或用人工盐 5～10 克、大蒜泥 10～20 克，加适量水混合后一次灌服，每日 2 次。

87. 如何防治羊瘤胃臌胀？

（1）概述　羊瘤胃臌胀是羊采食了易发酵饲料，在瘤胃内发酵产生大量气体，致使瘤胃体积迅速增大，过度臌胀为特征的一种疾病。

（2）技术特点

① 发病原因　采食大量易发酵饲料，如豆苗、青苜蓿等多汁易胀饲料；误食某些可发生瘤胃麻痹的植物如毒芹、秋水仙或乌头等；采食大量易臌胀的干料，如豆类、玉米、麦子、稻谷、油饼类等；采食难以消化的饲料，如麦秸、干甘薯藤、玉米秸

等；采食大量豆科牧草、雨后水草、露水未干的青草等；以及缺乏运动、消瘦、消化机能不好、饮水不足、突然变换饲料等，均可诱发本病。

② 临床症状　病初羊只食欲减退，反刍、嗳气减少，或很快食欲废绝，反刍、嗳气停止。呻吟、努责，腹痛不安，腹围显著增大，尤以左肷部明显。触诊腹部紧张性增加，叩诊呈鼓音。经常作排粪姿势，但排出粪量少，为干硬带有黏液的粪便，或排少量褐色带恶臭的稀粪，尿少或无尿排出。鼻、嘴干燥，呼吸困难，眼结膜发绀。重者脉搏快而弱，口吐白沫，但体温正常。病后期，羊虚乏无力，四肢颤抖，站立不稳，最后昏迷倒地，因呼吸窒息或心脏衰竭而死亡。

③ 防治措施

预防：该病多发生在春季，防治重点要加强饲养管理，促进消化机能，保持其健康。由舍饲转为放牧时，最初几天在出牧前先喂一些干草后再出牧，并且还应限制放牧时间及采食量。在饲喂易发酵的青绿饲料时，应先喂干草，然后再饲喂青绿饲料。尽量少喂堆积发酵或被雨露浸湿的青草。不让羊暴食幼嫩多汁豆科牧草，不在雨后或有露水、下霜的草地上放牧。舍饲育肥羊，应在全价日粮中含有 10%～15% 的铡短的粗料，粗料最好是禾谷类秸秆或青干草，避免饲喂磨细的谷物制作的饲料。

治疗：病的初期，轻度气胀，让病羊头部向上站在斜坡上，用两腿夹住羊的头颈部，有节奏地按摩腹部，连续 5～10 分钟，有一定效果。

气胀严重的，用松节油 20～30 毫升、鱼石脂 10～15 克、95%酒精 30～50 毫升，加适量温水，一次内服；或用醋 20 毫升、松节油 3 毫升、95%酒精 10 毫升，混合后一次灌服；或用克辽林 2～4 毫升加水 20～40 毫升，一次灌服；或用大蒜酊15～25 毫升，加水 4 倍，一次灌服。

病羊危急时，可用套管针在左腹肋部中央放气，此时要用拇指按住套管出气口，让气体缓慢放出，放完气后，用鱼石脂 5 毫升加水 150 毫升，从套管注入瘤胃。

88. 如何防治羔羊白肌病？

（1）概述　羔羊白肌病是幼羔发生的一种以骨骼肌、心肌纤维以及肝组织等发生变性、坏死为主要特征的疾病。其中，病羔四肢无力、运动困难、肌肉色淡为主要病症。该病属地方病，主要发生在缺硒地区。我国是世界上缺硒严重的地区，从东北三省起斜穿至云贵高原，占我国国土面积 72% 的地区为低硒地带，其中 30% 为严重缺硒地区，粮食和蔬菜等食物含硒量极低，这些地区要加强对该病的预防。

（2）技术特点

① 发病原因　主要是饲料中硒和维生素 E 缺乏或不足，或饲料中钴、锌、银等微量元素含量过高而影响动物对硒的吸收。羊机体内硒和维生素 E 缺乏时，正常生理性脂肪发生过度氧化，细胞组织的自由基受到损害，发生退行性病变、坏死，并可钙化，病变以骨骼肌、心肌受损最为严重，引起运动障碍和急性心肌坏死。

② 临床症状　多呈地方性流行，3～5 周龄的羔羊最易患病，死亡率有时高达 40%～60%。生长发育越快的羊，越容易发病，且死亡越快。急性病例，病羊常突然死亡。亚急性病例，病羊精神沉郁，背腰发硬，步样强拘，后躯摇晃，后期常卧地不起。臀部肿胀，触之硬固。呼吸加快，脉搏增加，羔羊可达 120 次/分。初期心搏动增强，以后心搏动减弱，并出现心律失常。慢性病例，病羊运动缓慢，步样不稳，喜卧，精神沉郁，食欲减退，有异嗜现象。被毛粗乱，缺乏光泽，黏膜黄白，腹泻多尿。剖检可见骨骼肌苍白，心肌苍白、变性，营养不良。

③ 防治措施

预防：对妊娠母羊、哺乳期母羊和羔羊冬春季节可在饲料中添加含硒和维生素 E 的预混料。对母羊供给豆科牧草，妊娠母羊补给 0.2％的亚硒酸钠液，皮下或肌内注射，剂量为 4～6 毫升。对新生羔羊出生后 20 天，先用 0.2％的亚硒酸钠液，皮下或肌内注射，每次 1 毫升，间隔 20 天后再注射 1.5 毫升，注射开始日期最晚不得超过 25 日龄，能有效预防羔羊白肌病。

治疗：对急性病例通常使用 0.1％的亚硒酸钠液皮下或肌内注射，羔羊每次 2～4 毫升，间隔 10～20 天重复注射 1 次，维生素 E 肌内注射，羔羊 10～15 毫克，1 次/天，5～7 天为一个疗程。对慢性病例可采用饲料补硒，在饲料中按 0.1 毫克/千克添加亚硒酸钠。

89. 如何防治羊口蹄疫？

（1）概述　羊口蹄疫是由口蹄疫病毒引起的急性、热性、高度接触性传染病。其临床特征是患病动物口腔黏膜、蹄部和乳房发生水疱和溃疡。口蹄疫被世界动物卫生组织列为必须报告的动物传染病，我国规定为一类动物疫病。任何单位和个人发现家畜疑似口蹄疫临床异常情况，应及时向当地动物防疫监督机构报告，由动物防疫监督机构派专人到现场进行临床和病理诊断。疫情处置必须在动物防疫监督机构指导和监督下进行。

（2）技术特点

① 病原特征　口蹄疫病毒属小 RNA 病毒科口蹄疫病毒属。病毒具有多型性和变异性，根据抗原不同，可分 7 个不同的血清型，各型之间无交叉免疫性。口蹄疫病毒具有较强的环境适应性，耐低温，不怕干燥。对酚类、酒精、氯仿等不敏感，但对日光、高温、酸碱的敏感性很强。常用的消毒剂有 1％～2％的氢氧化钠、30％的热草木灰、1％～2％的甲醛、0.2％～0.5％的过氧乙酸、4％的碳酸氢钠溶液等。

② 流行特点　该病主要侵害偶蹄兽，如牛、羊、猪、鹿、骆驼等，其中以猪、牛最为易感，其次是绵羊、山羊和骆驼。人也可感染。病畜和带毒动物是该病的主要传染源，痊愈家畜可带毒 4~12 个月。病毒在带毒家畜体内可产生抗原变异，产生新的亚型。本病主要靠直接和间接接触传播，消化道和呼吸道是主要传播途径，也可通过眼结膜、鼻黏膜、乳头及伤口感染。空气传播对本病的快速大面积流行起着十分重要的作用，常可随风散播到 50~100 千米外。

③ 临床症状　羊感染口蹄疫病毒后一般经过 1~7 天的潜伏期出现症状。病羊体温升高，初期体温可达 40~41 ℃，精神沉郁，食欲减退或拒食，脉搏和呼吸加快。口腔、蹄、乳房等部位出现水疱、溃疡和糜烂。严重病例可在咽喉、气管等黏膜上发生圆形烂斑和溃疡，上盖黑棕色痂块。绵羊蹄部症状明显，口黏膜变化较轻。山羊症状多见于口腔，呈弥漫性口黏膜炎，水疱见于硬腭和舌面，蹄部病变较轻。病羊水疱破溃后，体温明显下降，症状逐渐好转。初生的羔羊危害严重，有时呈出血性肠炎，并因心肌炎而死亡。妊娠的母羊可导致流产。

④ 病理变化　病羊口腔、蹄部出现水疱和烂斑，消化道黏膜有出血性炎症，心肌色泽较淡，质地松软，心外膜与心内膜有弥散性及斑点状出血，心肌切面有灰白色或淡黄色针头大小的斑点或条纹，如虎斑，称为"虎斑心"，以心内膜的病变最为明显。

⑤ 实验室检测

病原学检测：主要包括病毒分离鉴定、间接夹心酶联免疫吸附试验、RT-PCR、反向间接血凝试验。

血清学检测：主要包括中和试验、液相阻断酶联免疫吸附试验、非结构蛋白 ELISA、正向间接血凝试验。

⑥ 病例判定　出现符合该病流行特点和临床症状或病理变化指标之一，即可定为疑似口蹄疫病例。疑似口蹄疫病例经病原学检测方法任何一项阳性，即可确诊为口蹄疫病例。疑似口蹄疫

病例不能进行病原学检测时，未免疫羊血清学检测抗体阳性或免疫羊非结构蛋白抗体 ELISA 检测阳性，可判定为口蹄疫病例。

⑦ 防治措施

预防：加强检疫，不从疫区引进偶蹄动物及产品。对所有羊严格按照免疫程序实施强制免疫。常用的免疫程序为种公羊、后备母羊每年接种疫苗 2 次，每间隔 6 个月免疫 1 次；生产母羊在产后 1 个月或配种前，免疫 1 次。成年羊每年免疫 2 次，每间隔 6 个月免疫 1 次。羔羊出生后 4～5 个月免疫 1 次，隔 6 个月再免疫 1 次。免疫剂量及免疫方法按说明书要求进行。

疫情处置：一旦发生疫情，要遵照"早、快、严、小"的原则，严格执行封锁、隔离、消毒、紧急预防接种、检疫等综合扑灭措施。划定疫点、疫区、受威胁区。

扑杀疫点内所有病畜及同类易感畜，并对病死畜和扑杀畜及其产品实施无害化处理；对排泄物、被污染饲料、垫料、污水等进行无害化处理；对被污染的或可疑污染的物品、交通工具、用具、畜舍、场地进行严格彻底消毒；对发病前 14 天出售的家畜及其产品进行追踪，并做扑杀和无害化处理。

对疫区实施封锁，在疫区周围设置警示标志，在出入疫区的交通路口设置动物检疫消毒站，对出入的车辆和有关物品进行消毒；疫区内所有易感动物进行紧急强制免疫，建立完整的免疫档案；关闭家畜交易市场，禁止活畜进出疫区及产品运出疫区；对交通工具、畜舍及用具、场地进行彻底消毒；对易感家畜进行疫情监测，及时掌握疫情动态；必要时对疫区内所有易感动物进行扑杀和无害化处理。

对受威胁区最后一次免疫超过一个月的所有易感动物进行一次紧急强化免疫；疫区内最后一头病死羊死亡或扑杀后，连续观察至少 14 天，再未发现新病例时，经彻底消毒，疫情监测阴性，才能解除封锁。

90. 如何防治绵羊痘/山羊痘?

(1) 概述　绵羊痘和山羊痘分别是由痘病毒科羊痘病毒属的绵羊痘病毒、山羊痘病毒引起的绵羊和山羊的急性、热性、接触性传染病。羊痘是一个非常古老的动物疫病,在北非、中东、欧洲、亚洲及澳大利亚广泛流行。我国也是该病的多发区,西北、华中、华南地区是羊痘疫情集中区。绵羊痘和山羊痘被世界动物卫生组织列为必须报告的动物疫病,我国将其列为一类动物疫病。

(2) 技术特点

① 病原特征　绵羊痘病毒和山羊痘病毒分类上属于痘病毒科,羊痘病属。是有囊膜的双股 DNA 病毒。病毒主要存在于病羊皮肤、黏膜的丘疹、脓疱以及痂皮内,病羊鼻分泌物内也含有病毒,发热期血液内也有病毒存在。羊痘病毒对直射阳光、酸、碱和大多数常用消毒药(酒精、红汞、碘酒、来苏儿、福尔马林、石炭酸)均较敏感,对醚和氯仿也较为敏感。耐干燥,在干燥的痂皮内能成活数月至数年,在干燥羊舍内可存活 6~8 个月。不同毒株对热敏感程度不一,一般 55 ℃下持续 30 分钟即可灭活。

② 流行特点　在自然条件下,绵羊痘病毒只能使绵羊发病,山羊痘病毒只能使山羊发病,一般不会发生交叉感染。病羊是主要的传染源,主要通过呼吸道感染,也可通过损伤的皮肤或黏膜侵入机体。饲养和管理人员,以及被污染的饲料、垫草、用具、皮毛产品和体外寄生虫等均可成为传播媒介。本病传播快、发病率高,不同品种、性别和年龄的羊均可感染,羔羊较成年羊易感,细毛羊较其他品种的羊易感,粗毛羊和土种羊有一定的抵抗力。一年四季均可发生,我国多发于冬春季节,气候严寒、雨雪、霜冻、饲养管理不良等因素都有助于该病的发生和加重病

情。该病一旦传播到无本病地区，易造成流行。

③ **临床症状** 典型病例病羊体温升至40℃以上，2～5天后在皮肤上可见明显的局灶性充血斑点，随后可见明显的局灶性出血斑点，随后在腹股沟、腋下和会阴部等部位，甚至全身出现红斑、丘疹、结节、水泡，严重的可形成脓包。某些品种的绵羊在皮肤出现病变前可发生急性死亡；某些品种的山羊可见大面积出血性痘疹，可引起死亡。非典型病例呈一过型羊痘，仅表现轻微症状，不出现或仅出现少量痘疹，呈良性经过。

④ **病理变化** 病死羊体况明显消瘦，体表皮肤呈典型的痘疹，剖检可见呼吸道、消化道黏膜卡他性出血性炎症。喉、气管、支气管黏膜上有浅灰色小结节，并附有浓稠黏液，肺有干酪样的结节和卡他性肺炎区，有的痘疹散布在肺叶中，触摸坚硬，瘤胃、皱胃内壁有大小不等的半球状或圆形坚实的结节，单个或几个融合，有的形成糜烂，有的发生溃疡。

⑤ **实验室检测** 病原学检测可用电镜检查包含体，血清学检测可用中和试验。

⑥ **防治措施**

预防：羊痘是一种急性传染病，要采取以免疫为主的综合性防治措施。一是消毒。羊舍、羊场环境、用具、饮水等应定期进行严格消毒；饲养场出入口应设置消毒池，内置有效消毒剂。二是免疫。常用羊痘鸡胚化弱毒疫苗预防接种，每只羊接种0.5毫升，于尾根部皮下注射，注射后4～6天产生免疫力，免疫期1年。三是监测。非免疫区域以流行病学调查、血清学检测为主，结合病原鉴定。免疫区域以病原监测为主，结合流行病学调查、血清学检测。异地引种时，应从非疫区引进。调运前隔离21天，并在调运前15天至4个月间进行过免疫。

疫情处置：根据流行病学特点、临床症状和病理变化做出的临床诊断结果，可作为疫情处理的依据。发现或接到疑似疫情报告后，动物防疫监督机构应及时派员到现场进行临床诊断、流行病学调查、采样送检。对疑似病羊及同群羊应立即采取隔离、限制移动等防控措施。当确诊后，立即划定疫点、疫区、受威胁区，并采取相应措施。对疫点内的病羊及其同群羊彻底扑杀。对病死羊、扑杀羊及其产品进行无害化处理；对病羊排泄物和被污染或可能污染的饲料、垫料、污水等通过焚烧、密封堆积发酵等方法进行无害化处理。对疫区和受威胁区内的所有易感羊进行紧急免疫接种。对疫区内没有新的病例发生，疫点内所有病死羊、被扑杀的同群羊及其产品按规定处理 21 天后，对有关场所和物品进行彻底消毒，才能解除封锁。

91. 如何防治羊病？

（1）概述　羊布鲁氏菌病是由布鲁氏菌引起的一种人畜共患的慢性传染病，其特征是妊娠母畜流产、胎衣不下、生殖器官和胎膜发炎。公畜表现为睾丸炎及不育等。布鲁氏菌病是目前世界上流行最广，危害最大的人畜共患病之一，我国将其列为二类动物疫病。流行范围几乎遍布世界各地。

（2）技术特点

① 病原特征　布鲁氏菌属于布鲁氏菌属，该属分为羊、牛、猪、鼠、绵羊及犬布鲁氏菌 6 种，我国流行的主要是羊、牛、猪 3 种，其中以羊布鲁氏菌病最为多见。布鲁氏菌为革兰氏阴性需氧杆菌，无芽孢。无荚膜，无鞭毛，呈球杆状，不能运动，在某些条件不利时形成荚膜。布鲁氏菌对自然环境的抵抗力较强，在干燥土壤中能存活 37～120 天，在粪水中能存活 1.5～4 个月，在水中能存活 72～120 天，在乳汁内能存活 10 天，在胎儿体内能存活 4～6 个月。对高热、腐败、发酵的抵抗力弱，在阳光下 0.5～4 小时死亡，100 ℃数分钟、巴氏消毒法 10～15 分钟即可将其杀死。一般消毒剂数分钟至 15 分钟可杀死该细菌。

② 流行特点　布鲁氏菌病易感动物范围很广，家畜、野生

动物、啮齿动物、两栖类、蛇类、虫类等 60 多种动物都贮有布鲁氏菌。但最易感家畜主要是羊、牛、猪，在某些情况下能交叉感染，人亦易感。传染源是病畜和带菌动物，胎衣、羊水、阴道分泌物、乳汁、精液都可散布病原微生物。传播途径主要是消化道，也可经无创伤的皮肤和黏膜而传染，交媾、昆虫吸血也能传染。菌血症时期的病畜肉、内脏、毛、皮等都含有病原微生物，也可引起传染。布鲁氏菌病常呈地方性流行，母畜较公畜易感，幼畜有抵抗力，成年家畜较幼畜易感。第一胎流产的多，二胎以后流产较少。无季节性，但产仔季节发生较多。畜群流产高潮后，流产率逐渐降低，甚至完全停止。新疫区流产率高，老疫区大批流产的情况较少。饲料不良，畜舍拥挤，光线不足，通风不良，寒冷潮湿，饲料不足等降低机体抵抗力的因素，可促进该病的发生和流行。

③ 临床症状　潜伏期不定，短的 2 周，长的半年。多数病例为隐性感染。妊娠羊发生流产，多发生在妊娠后的 3~4 个月，流产后可能发生胎衣滞留和子宫内膜炎，从阴道流出污秽不洁、恶臭的分泌物。新发病的畜群流产较多，老疫区畜群发生流产的较少，但发生子宫内膜炎，乳房炎、关节炎、胎衣滞留、久配不孕的较多。公羊发生睾丸炎、附睾炎或关节炎。

④ 病理变化　剖检变化主要在流产胎儿、胎衣。胎儿浆膜与黏膜有出血点与出血斑，皮下和肌间浆液性浸润，胸腔腹腔积液微红色，真胃中有黄白色黏液和絮状物，脾脏和淋巴结肿大，肝脏中出现坏死灶。脐带浆液性浸润肥厚。胎衣覆纤维蛋白絮片和脓液，点状出血、水肿增厚，部分或全部黄色胶样浸润。公羊可发生化脓性坏死性睾丸炎和附睾炎，睾丸肿大，后期睾丸萎缩，关节肿胀和不育。

⑤ 实验检测

A. 病原检查

显微镜检查：取胎盘绒毛叶组织、流产胎儿胃液或阴道分泌物作抹片，用克兹洛夫斯基染色法染色，镜检。布鲁氏菌染成红色，背景为蓝色。布鲁氏菌大部分在细胞内，集结成团，少数在细胞外。

分离培养鉴定：新鲜病料可用胰蛋白胨琼脂斜面或血液琼脂斜面、肝汤琼脂斜面、3％甘油＋0.5％葡萄糖肝汤琼脂斜面等培养基培养；若为陈旧病料时，可在培养基中加入二十万分之一的龙胆紫培养。培养时，一份在普通条件下，另一份放于含有5％～10％二氧化碳的环境中，37 ℃培养 7～10 天。然后进行菌落特征检查和特异性抗血清凝集试验确诊布鲁氏菌病。

B. 血清学检测

初筛试验：可采用虎红平板凝集试验、乳牛布鲁氏菌病全乳环状试验。

正式试验：可采用试管凝集试验、补体结合试验。

初筛试验出现阳性反应，并有流行病学史和临床症状或分离出布鲁氏菌，判为病畜。

血清学正式试验中试管凝集试验阳性或补体结合试验阳性，判为阳性畜。

⑥ 防治措施

预防：未感染畜群防治布鲁氏菌病传入的最好办法是自繁自养，必须引进家畜时要严格执行检疫，隔离饲养两个月，两次检测阴性者才可和原有畜群合群。受威胁区每年至少要检疫 1 次，发现病畜立即淘汰。可疑病羊应及时严格分群隔离饲养，等待复查。受污染的羊舍、运动场、饲喂用具等用 5％克辽林或来苏儿溶液、10％～20％石灰乳、2％氢氧化钠溶液等消毒。流产胎儿、胎衣、羊水和产道分泌物应深埋。布鲁氏菌病常发区的检测阴性羊群要进行免疫接种，接种的疫苗可选用布鲁氏菌猪型Ⅱ号弱毒苗、布鲁氏菌羊型 5 号疫苗。

疫情处置：经确诊为布鲁氏菌病例后，对患病羊全部扑杀。对受威胁羊群实施隔离，对患病羊及其流产胎儿、胎衣、排泄物等进行无害化处理。对患病动物污染的场所、用具、物品进行消毒处理。

92. 如何防治羊快疫？

（1）概述　羊快疫是由梭菌经消化道感染引起的主要发生于绵羊的一种急性传染病。

（2）技术特点

① 病原特征　羊快疫的病原是腐败梭菌，为革兰氏阳性的厌氧大杆菌，菌体正直，两端钝圆，用死亡羊的脏器，特别是肝脏被膜触片染色后镜检，常见到无关节的长丝状菌体。在动物体内外均可产生芽孢，不形成荚膜，可产生多种毒素。

② 流行特点　羊快疫绵羊最易感，山羊和鹿也可感染。发病羊多在 6～18 月龄、营养较好的绵羊，山羊较少发病。主要经消化道感染。腐败梭菌通常以芽孢体形式散布于自然界，特别是潮湿、低洼或沼泽地带。羊只采食污染的饲草或饮水，芽孢体随之进入消化道，但并不一定引起发病。当存在诱发因素时，特别是秋冬或早春季节气候骤变、阴雨连绵之际，羊寒冷饥饿或采食了冰冻带霜的草料时，机体抵抗力下降，腐败梭菌即大量繁殖，产生外毒素，使消化道黏膜发炎、坏死并引起中毒性休克，使患羊迅速死亡。本病以散发性流行为主，发病率低而病死率高。

③ 临床症状　患羊往往来不及表现临床症状即突然死亡，常见在放牧时死于牧场或早晨发现死于圈舍内。病程稍缓者，表现为不愿行走，运动失调，腹痛、腹泻，磨牙抽搐，最后衰弱昏迷，口流带血泡沫，多于数分钟或几小时内死亡，病程极为短促。

④ 病理变化　病死羊尸体迅速腐败膨胀。剖检见可视黏膜充血呈暗紫色。体腔多有积液。特征性表现为真胃出血性炎症，胃底部及幽门部黏膜可见大小不等的出血斑点及坏死区，黏膜下发生水肿。肠道内充满气体，常有充血、出血、坏死或溃疡。心

内、外膜可见点状出血。胆囊多肿胀。

⑤ 实验室检测　病死羊肝脏被膜触片，用瑞特氏或美蓝染色液染片镜检，除见到两端钝圆、单个或短链状的粗大菌体外，还可观察到无关节的长丝状菌体链。其他脏器组织也可发现病原。同时也可做动物试验，将病料制成悬液，肌内注射豚鼠和小鼠，实验动物多于 24 小时内死亡。立即采集脏器组织进行分离培养，极易获得纯培养。制片镜检也可发现腐败梭菌无关节长丝状的特征表现。

⑥ 防治措施

预防：常发区定期注射羊厌气苗病三联苗（羊快疫、羊猝狙、羊肠毒血症）或五联苗（羊快疫、羊肠毒血症、羊猝狙、羊黑疫和羔羊痢疾）或羊快疫单苗，皮下或肌内注射 5 毫升；免疫期半年以上。加强饲养管理，防止严寒袭击，严禁吃霜冻饲料。发病时将圈舍搬迁至地势高燥之处。

治疗：病羊往往来不及治疗而死亡。对病程稍长的病羊，可治疗。青霉素：肌内注射，每次 80 万～160 万单位，2 次/天；磺胺嘧啶灌服，按每次每千克体重 5～6 克，连用 3～4 次；10%～20%石灰乳灌服，每次 5～100 毫升，连用 1～2 次；复方磺胺嘧啶钠注射液肌内注射，按每次每千克体重 0.015～0.02 克（以磺胺嘧啶计），2 次/天；磺胺脒按每千克体重 8～12 克，第 1 天 1 次灌服，第 2 天分 2 次灌服。

93. 如何防治羊肠毒血症？

（1）概述　羊肠毒血症是魏氏梭菌产生毒素所引起的绵羊急性传染病。该病以发病急，死亡快，死后肾脏多见软化为特征。又称软肾病、类快疫。

（2）技术特点

① 病原特征　羊肠毒血症是由 D 型魏氏梭菌引起的，该菌

又称为 D 型产气荚膜杆菌，分类上属于梭菌属。为厌氧粗大杆菌，革兰氏染色阳性。在动物体内可形成荚膜，芽孢位于菌体中央。

② 流行特点　本病为经口感染，羊采食了被魏氏梭菌芽孢污染的饲草、饮水，病菌进入消化道，当饲料突然改变或其他原因导致羊的抵抗力下降、消化功能紊乱时，细菌在肠道迅速繁殖，产生大量毒素，引起全身毒血症。不同品种、年龄的羊都可感染，以绵羊为多，山羊较少。通常以 2～12 月龄、膘情较好的羊只为主。发病有明显的季节性，牧区以春夏之交抢青时和秋季牧草结籽后的一段时间发病为多，农区则多见于收割抢茬季节或食入大量富含蛋白质饲料时。多呈散发流行。

③ 临床症状　本病发生突然，病畜常无症状而突然发病和死亡。病程稍长的可见到病羊呈腹痛、肚胀症状，腹泻，排黄褐色水样稀粪。濒死期全身肌肉痉挛，角弓反张，倒地，四肢抽搐呈划水样。呼吸迫促，口鼻流出白沫。有的昏迷虚脱、静静死亡。

④ 病理变化　死后剖检真胃内常有未消化饲料，小肠黏膜充血、出血发炎，严重病羊肠壁呈血红色或有溃疡。肾脏软化似泥，稍加触压即溃烂。体腔积液，心脏扩张，心内外膜有出血点。全身淋巴结肿大，切面黑褐色。

⑤ 实验室检测诊断

病原学检查：采集小肠内容物、肾脏及淋巴结等作为病料制片，染色镜检，可在肠道发现大量的有荚膜的革兰氏阳性大杆菌，同时肾脏等脏器也可检出魏氏梭菌。用厌气肉肝汤和鲜血琼脂分离培养。纯分离物进行生化实验以便鉴定。

毒素检查：利用小肠内容物滤液接种小鼠或豚鼠进行毒素检查和中和试验，以确定毒素的存在和菌型。

血尿常规检查：血糖、尿糖升高。

⑥ 防治措施

预防：加强饲养管理，农区和牧区春夏多发病期间少抢青、抢茬，实行牧草场轮换放牧，经常给羊饮用 0.1% 高锰酸钾溶液。秋季避免吃过量结籽饲草。常发病区定期注射"羊快疫、羊猝狙、羊肠毒血症"三联苗或"羊快疫、羊猝狙、羊肠毒血症、羔羊痢疾、黑疫"五联苗。

治疗：病程缓慢的病羊可选用强力霉素按每千克体重 2～5 毫克内服；庆大霉素按每千克体重 10～15 毫克肌内注射，每日 2 次；磺胺脒 8～12 克，第一天 1 次灌服，第二天分 2 次灌服。病情严重者可用 10% 安那咖 10 毫升加入 500～1 000 毫升 5% 葡萄糖溶液中静脉滴注。

94. 如何防治羔羊痢疾？

（1）概述　羔羊痢疾是初生羔羊的一种急性毒血症，以剧烈腹泻和小肠发生溃疡为其特征。本病常可使羔羊发生大批死亡，给养羊业带来重大损失。本病主要危害 7 日龄以内的羔羊，其中又以 2～3 日龄的发病最多，7 日龄以上的很少患病。传染途径主要是通过消化道，也可能通过脐带或创伤。

（2）技术特点

① 病原特征　本病病原为 B 型魏氏梭菌，分类上属于梭菌属。为厌气性粗大杆菌，革兰氏染色阳性，能产生芽孢，在羊体内能产生多种毒素。其繁殖体一般的消毒药即可杀死，而芽孢则有较强的抵抗力，可在土壤中存活多年。

② 流行特点　羔羊在生后数日内，魏氏梭菌可以通过羔羊吮乳、饲养员的手和羊的粪便而进入羔羊消化道。在外界不良诱因如母羊妊娠期营养不良，羔羊体质瘦弱；气候寒冷，羔羊受冻；哺乳不当，羔羊饥饱不匀，羔羊抵抗力减弱时，细菌大量繁殖，产生毒素。羔羊痢疾的发生和流行，就表现出一系列明显的规律性。

③ 临床症状　自然感染的潜伏期为 1～2 天，病初精神萎

顿，低头拱背，不想吃奶。不久就发生腹泻，粪便恶臭，有的稠如面糊，有的稀薄如水，到了后期，有的还含有血液，直到成为血便。病羔逐渐虚弱，卧地不起。若不及时治疗，常在1～2天内死亡。羔羊以神经症状为主者，四肢瘫软，卧地不起，呼吸急促，口流白沫，最后昏迷，头向后仰，体温降至常温以下，常在数小时到十几小时内死亡。

④ 病理变化　尸体脱水现象严重。最显著的病理变化是在消化道。第四胃内往往存在未消化的凝乳块。小肠（特别是回肠）黏膜充血发红，溃疡周围有一出血带环绕；有的肠内容物呈血色。肠系膜淋巴结肿胀充血，间或出血。心包积液，心内膜有时有出血点。肺常有充血区域或瘀斑。

⑤ 实验室检测

病原学检测：采集病羊的液状稀粪和解剖尸体小肠抹片，革兰氏染色，镜检可见蓝色小杆菌。

病原分型检测：采集剖检病氏的小肠内容物，利用小肠内容物滤液接种小鼠，进行毒素检查和中和试验，以确定毒素存在和菌型。

⑥ 防治措施

预防：本病发病因素复杂，应综合实施抓膘保暖、合理哺乳、消毒隔离、预防接种和药物防治等措施才能有效地予以防制。每年秋季注射羔羊痢疾苗或厌气菌七联干粉苗，产前2～3周再接种一次。羔羊出生后12小时内，灌服土霉素0.15～0.2克，每日一次，连续灌服3天，有一定的预防效果。

治疗：土霉素0.2～0.3克，或再加胃蛋白酶0.2～0.3克，加水灌服，每日两次；或磺胺脒0.5克，鞣酸蛋白0.2克，次硝酸铋0.2克，重碳酸钠0.2克，加水灌服，每日3次；或先灌服含福尔马林0.5%～6%的硫酸镁溶液30～60毫升，6～8小时后再灌服1%高锰酸钾溶液10～20毫升，每日服两次。在选用上述药物的同时，还应针对其他症状进行对症治疗。也可使用中药治疗。

95. 如何防治羊传染性胸膜肺炎？

（1）概述　羊传染性胸膜肺炎又称羊支原体性肺炎，是由支原体所引起的一种高度接触性传染病，其临床特征为高热，咳嗽，胸和胸膜发生浆液性和纤维素性炎症，取急性和慢性经过，病死率很高。

（2）技术特点

① 病原特征　引起山羊传染性胸膜肺炎的病原体为丝状支原体山羊亚种，为细小、多变性的微生物，革兰氏染色阴性，用姬姆萨氏法、卡斯坦奈达氏法或美蓝染色法着色良好。培养基的要求苛刻，培养时低浓度（0.7%）琼脂培养基上菌落呈煎蛋状。

② 流行特点　流行病学在自然条件下，丝状支原体羊传染性胸膜肺炎山羊亚种只感染山羊，3 岁以下的山羊最易感染，而绵羊肺炎支原体则可感染山羊和绵羊。病羊和带菌羊是本病的主要传染源。本病常呈地方流行性，接触传染性很强，主要通过空气-飞沫经呼吸道传染。阴雨连绵，寒冷潮湿，羊群密集、拥挤等因素，有利于空气-飞沫传染的发生；多发生在山区和草原，主要见于冬季和早春枯草季节，羊只营养缺乏，容易受寒感冒，因而机体抵抗力降低，较易发病，发病后病死率也较高；呈地方流行；冬季流行期平均为 15 天，夏季可维持 2 个月以上。

③ 临床症状　潜伏期平均18～20 天。病初体温升高，精神沉郁，食欲减退，随即咳嗽，流浆液性鼻漏。4～5 天后咳嗽加重，干咳而痛苦，浆液性鼻漏变为黏脓性，常黏附于鼻孔、上唇，呈铁锈色。病羊多在一侧出现胸膜肺炎变化，肺部叩诊有实音区，听诊肺呈支气管呼吸音或呈摩擦音，触压胸壁，羊表现出敏感、疼痛。病羊呼吸困难，高热稽留，眼睑肿胀，流泪或有黏液分泌物，背腰拱起做痛苦状。妊娠母羊可发生流产，部分羊肚

胀腹泻，有些病例口腔溃烂，唇部、乳房等部位皮肤发疹。病羊在濒死前体温降至常温以下，病期多为 7～15 天。

④ 病理变化　多局限于胸部。胸腔常有淡黄色液体，间或两侧有纤维素性肺炎；肝变区凸出于肺表，颜色由红至灰色不等，切面呈大理石样；胸膜变厚而粗糙，上有黄白色纤维素层附着，直至胸膜与肋膜、心包发生粘连。心包积液，心肌松弛、变软。急性病例还可见肝、脾肿大，胆囊肿胀，肾肿大和膜下小点溢血。

⑤ 诊断　由于本病的流行规律、临床表现和病理变化都很独特，根据这三个方面作出综合诊断并不困难。确诊需进行病原分离鉴定和血清学试验。血清学试验可用补体结合反应，多用于慢性病例。本病在临床上和病理上均与羊巴氏杆菌病相似，但以病料进行细菌学检查以资区别。

⑥ 实验室检测

病原检查：无菌采集急性病例肺组织、胸腔渗出液等作为病料，涂片姬姆萨氏法、瑞氏法或美蓝染色法染色，镜检可见到无细胞壁，呈杆状、丝状、球状等多形态特征的菌体。

分离培养病料接种于血清琼脂培养基，37 ℃培养 3～6 天，长出细小、半透明、微黄褐色的菌落，中心突起呈煎蛋状，涂片染色镜检，可见革兰氏染色阴性、极为细小的多形性菌体。也可用液体培养基进行分离培养，于培养基中加入特异性抗血清进行生长抑制试验，鉴定病原。

血清学诊断：常用的方法有琼脂免疫扩散试验、玻片凝集试验和荧光抗体试验。

⑦ 防治措施

预防：提倡自繁自养，新引入的山羊，至少隔离观察 1 个月，确认无病后方可混群。保持环境卫生，改善羊舍通风条件，经常用百毒杀 1 000 倍液对羊舍及四周环境喷雾消毒。做好免疫，对疫区的假定健康羊接种免疫。我国目前羊传染性胸膜肺炎疫苗有用丝状支原体山羊亚种制造的山羊传染性胸膜肺炎氢氧化铝苗、鸡胚化弱毒苗和绵羊肺炎支原体灭活苗，可根据当地病原体的分离结果，选择使用。

疫情处置：发病羊群应进行封锁，及时对全群进行逐头检查，对病羊、可疑病羊和假定健康羊分群隔离和治疗；对被污染的羊舍、场地、用具和病羊的尸体、粪便等进行彻底消毒或无害化处理。

治疗：使用新砷凡纳明 914 治疗、预防本病有效。5 月龄以下羔羊 0.1～0.15 克，5 月龄以上羊 0.2～0.25 克，用灭菌生理盐水或 5％ 葡萄糖盐水稀释为 5％ 溶液，一次静脉注射，必要时间隔 4～9 天再注射 1 次；可用磺胺嘧啶钠注射液，皮下注射，每天 1 次；病的初期可使用氟苯尼考按每千克体重 20～30 毫克肌内注射，2 次/天，连用 3～5 天；酒石酸泰乐菌素每天每千克体重 6～12 毫克肌内注射，每天 2 次，3～5 天为一疗程；也可使用强力霉素治疗，效果明显。

96. 如何防治羊血吸虫病？

（1）概述　羊血吸虫病是日本血吸虫寄生在羊门静脉、肠系膜静脉和盆腔静脉内，引起贫血、消瘦与营养障碍的一种寄生虫病。日本血吸虫病是互源性人兽共患的寄生虫病，流行因素包括自然、地理、生物和社会因素，错综复杂。宿主除人外，自然感染日本血吸虫病的动物有牛、山羊、绵羊、马、驴、骡、猪、犬、猫和野生动物，近 40 多种，几乎各种陆生动物均可感染，而且人与动物之间可以互相传播。

（2）技术特点

① 病原特征　病原为日本血吸虫，为雌雄异体。雄虫呈乳白色，粗短，虫体长 10～22 毫米，宽 0.5～0.55 毫米，向腹面弯曲，呈镰刀状。体壁从腹吸盘到尾由两侧面向腹面卷曲，形成

抱雌沟，雌雄虫体常呈抱合状态。雌虫细长，长 12～26 毫米，宽 0.1～0.3 毫米。

日本血吸虫多寄生于肠系膜静脉，有的也见于门静脉。雄雌虫交配后，雌虫产出的虫卵堆积于肠壁微血管，借助堆积的压力和卵内毛蚴分泌的溶组织酶，使虫卵穿过肠壁进入肠腔，随粪便排出体外。虫卵落入水中，在 25～30 ℃温度下很快孵出毛蚴。毛蚴从卵内出来在水中自由游动，当遇到中间寄主钉螺，钻入钉螺内，经 6～8 周，发育成胞蚴、子胞蚴，形成尾蚴。尾蚴离开螺体在水中游动，遇到终末宿主后，借助于穿刺腺分泌的溶组织酶，从皮肤进入皮下组织的小静脉内，随血液循环在门静脉发育为成虫，然后移居到肠系膜静脉。

② 流行特点　病羊多表现慢性过程，只有突然感染大量尾蚴时，才表现急性发病。急性型病畜表现体温升高，呈不规则的间歇势。精神沉郁，倦怠无力，食欲减退。呼吸困难，腹泻，粪中混有黏液、血液和脱落的黏膜。腹泻加剧者，出现水样便，排粪失禁。常大批死亡。慢性型病畜表现为间歇性下痢，有时粪中带血。可视黏膜苍白、精神不佳、食欲下降，日渐消瘦，颌下及腹下水肿。幼畜发育不良，孕畜易流产。

③ 临床症状　病畜消瘦，贫血，腹水增加。病初肝脏肿大，后期萎缩硬化，肝表面和切面有粟粒至高粱粒大、灰白色或灰黄色结节。严重时肠壁、肠系膜、心脏等器官可见到结节。大肠，尤其是直肠壁有小坏死灶、小溃疡及瘢痕。在肠系膜血管、肠壁血管及门静脉中可发现虫体。

④ 检测技术

A. 病原学检查

直接虫卵检查法：于载玻片上滴生理盐水，用竹签挑取粪便少许，直接涂片，置显微镜下检查虫卵；或取新鲜粪便 20 克，加清水调成浆，用 40～60 目铜筛网过滤，滤液收集在 500 毫升烧杯中，静置 30 分钟，倾去上清液，加清水混匀，静置 20 分钟，倾去上清液，反复几次，沉渣检查虫卵。

孵化法：取新鲜粪便 30 克，加清水调成浆，用 40～60 目铜筛网过滤，滤液收集在 500 毫升烧杯中，静置 30 分钟，倾去上清液，加清水混匀，静置 20 分钟，倾去上清液，反复几次，将沉渣置于 250 毫升三角烧杯中，加清水至瓶口，置于 25～30 ℃下孵化，每隔 3 小时、6 小时、12 小时观察一次，检查有无毛蚴出现。

B. 变态反应检查　用成虫抗原皮内注射 0.03 毫升，15 分钟后，检查有无出现丘疹，丘疹直径 8 毫米以上者为阳性。

C. 血清学检查　环卵沉淀法：取载玻片一个，加受检者血清 2 滴，再加虫卵悬液 1 滴（100 个左右虫卵），加盖玻片，周围用石蜡密封，置 37 ℃孵育 48 小时，在高倍显微镜下检查，卵周围出现泡状、指状或带状沉淀物，并有明显折光且边缘整齐，即为阳性反应卵。阳性反应卵占全片卵的 2% 以上时，即判为阳性。此外还有间接血凝、酶联免疫吸附试验、免疫电泳试验等方法。

⑤ 防治措施　根据该病原特点、发育过程及流行特点，采用下述措施。

A. 治疗病畜　硝硫氰胺剂量按每千克体重 4 毫克，配成 2%～3% 的水悬液，颈静脉注射；吡喹酮剂量按每千克体重 30～50 毫克，一次口服；六氯对二甲苯按每千克体重 200～300 毫克，灌服。

B. 杀灭中间宿主　结合水土改造工程，排除沼泽地和低洼牧场的水，利用阳光暴晒。杀死钉螺；也可用五万分之一的硫酸铜溶液或百万分之二点五的血防 67 对钉螺进行浸杀或喷杀。

C. 安全用水　选择无螺水源，实行专塘用水，以杜绝尾蚴的感染。

D. 预防驱虫　在 4、5 月份和 10、11 月份定期驱虫，病羊要淘汰。

E. 无害化处理粪便　疫区内粪便进行堆肥发酵和制造沼气，既可增加肥效，又可杀灭虫卵。

F. 人畜同步查治　对人和家畜按时检查，及时治疗。

97. 如何防治羊东毕吸虫病？

（1）概述　羊东毕吸虫病是由东毕属的各种吸虫寄生于羊肠系膜静脉和门静脉中引起的一种疫病。东毕吸虫病呈世界性分布，是一种危害十分严重的人兽共患寄生虫病。除羊感染外，黄牛、水牛、马、驴、猫、兔、骆驼和马鹿等都可感染，人也能感染。人感染尾蚴后，发生尾蚴性皮炎。东毕吸虫病对羊危害相当严重，其流行与中间宿主椎实螺关系相当密切，每次大流行都是由于降雨量大，造成外洪内涝，积有大量水，为椎实螺提供了繁衍的良好环境，导致牛、羊东毕吸虫病大面积暴发。

（2）技术特点

① 病原特征　东毕吸虫病的病原主要是土耳其斯坦东毕吸虫，在我国分布最广。东毕吸虫为雌雄异体，雄虫乳白色，体长4.0～8.0毫米，宽0.36～0.42毫米，在腹吸盘之后向腹面卷曲，形成抱雌沟，雌雄虫体常呈抱合状态。雌虫呈暗褐色，体长3.65～8.0毫米，宽0.07～0.11毫米。子宫内常只有一个椭圆形虫卵，棕黄色，一端钝圆，另一端较尖，尖的一端有一卵盖。

东毕吸虫成虫寄生于家畜的门静脉及肠系膜静脉中，产出的虫卵一部分随血液进入肝脏，堆积在一起形成结节，被结缔组织包埋钙化死亡。或由虫卵分泌的溶组织酶使结节破溃，虫卵再随血流、胆汁进入小肠。一部分虫卵由于重力下降至肠黏膜血管聚集成堆，阻塞血管，使血管内血流阻滞而官腔扩大，由于腹内压力改变，肠肌收缩，加上虫卵内毛蚴分泌的溶组织酶作用使肠壁组织破坏，虫卵落入肠腔，随粪便排出体外。虫卵落入水中，在适宜的条件下很快孵出毛蚴，毛蚴在水中游动，遇到中间宿主椎实螺类，即钻入其体内，经胞蚴、子胞蚴发育到成熟的尾蚴，尾蚴离开中间宿主进入水中。当羊到水中吃草、饮水时，便从皮肤钻入其体内，随血液到门静脉和肠系膜静脉发育为成虫。

② 临床症状　本病多为慢性过程，个别情况下出现急性病例。急性型常发生在幼龄羊或从外地新引进的羊，主要是由于突然感染大量的尾蚴后发生。病羊表现为发热、食欲减退、呼吸促迫、下痢、消瘦。可造成大批死亡，耐过后转为慢性。慢性型表现为消瘦，可视黏膜苍白，略有黄染。下颌及腹部多有不同程度的水肿，腹围增大。长期腹泻，粪便中混有黏液，幼龄羊生长缓慢，孕羊容易流产。

③ 病理变化　患病尸体明显地消瘦，贫血，腹腔内有大量的腹水。感染数千条以上的病例其肠黏膜及大网膜均有明显的胶冻样浸润。在肠黏膜上有出血点或坏死灶，肠系膜淋巴结水肿。肝脏质地变硬，表面凸凹不平，散布着大小不等的灰白色虫卵结节。肠系膜静脉和门静脉内可发现线状虫体。

④ 检测技术　东毕吸虫虫卵较少，在感染的情况下，从粪便不易检查到虫卵，通常根据死后病理变化和寄生数量进行诊断。

粪便检查则采用毛蚴孵化法：取新鲜粪便 100 克，置于 500 毫升烧杯中，加清水搅拌均匀，用 40～60 目铜筛过滤，滤液放入 500 毫升三角瓶中，静置 30 分钟，倾去上清液，沉渣再用清水冲洗，如此反复 3～5 次，至上层液体清澈为止。倾去上清液，将沉渣移入 250 毫升三角烧杯中，加温水至距瓶口 0.5～1 毫米处，调 pH 为 7.5～7.8，置于 22～28 ℃进行孵化。孵化后 30 分钟、1 小时各观察 1 次，以后每 2～3 小时观察 1 次，直至 24 小时为止。如见到毛蚴在液面下做平行直线游泳则为阳性。此时用吸管吸取置于载玻片上，在显微镜下识别。

⑤ 防治措施　根据该病原特点、发育过程及流行特点采用下述措施。

A. 治疗病畜　选用驱虫药物要以高效、低毒、副作用小为原则，当前常用的药物有以下几种。吡喹酮按每千克体重 30～50 毫克，1 次口服或按每千克体重 20～40 毫克肌内注射。硝硫氰胺按每千克体重 4 毫克，配成 2%～3% 的水悬液，颈静脉注射。

B. 无害化处理粪便　患畜粪便中含有很多虫卵，要将粪便堆积发酵，杀死虫卵。特别是驱虫后排出的粪便，更要严格管理，不要随地排放。

C. 杀灭中间宿主　排除沼泽地和低洼牧场的水，利用阳光暴晒，杀死椎实螺；也可用五万分之一的硫酸铜溶液或百万分之二点五的血防 67 对椎实螺进行浸杀或喷杀。

D. 禁止羊与污水接触　在流行地区，保持羊饮用水清洁卫生，尽量饮用自来水、井水或流动的河水等清洁的水，不让羊饮用池塘、沼泽、水潭及沟渠里的脏水和死水。

98. 如何防治羊肝片吸虫病？

（1）概述　羊肝片吸虫病又称肝蛭病，是一种发生较普遍、危害很严重的寄生虫病。是由虫体寄生于肝脏胆管内引起慢性或急性肝炎和胆管炎，同时，伴发全身性中毒现象及营养障碍，导致羊生长发育受到影响，毛、肉品质显著降低，大批肝脏废弃，甚至引起大量羊只死亡，造成严重损失。羊肝片吸虫病分布广泛，流行于全世界，以中南美洲、欧洲、非洲较常见。我国各地均有发生，分布极广，多呈地方性流行。低洼和沼泽地区，多雨时期易暴发流行。动物感染率甚高，一般羊群感染率为 30%～50%，个别严重的羊群可高达 100%，成为牧区羊病死的重要原因。

（2）技术特点

① 病原特征　本病病原为肝片吸虫和大片吸虫。肝片吸虫

虫体呈扁平叶状，体长 20～35 毫米，体宽 5～13 毫米。自胆管内取出的新鲜活虫为棕红色，固定后呈灰白色。虫卵呈椭圆形，黄褐色，前端较窄，后端较钝。大片吸虫成虫呈长叶状，长33～76 毫米，宽 5～12 毫米。虫卵呈深黄色。

肝片吸虫与大片吸虫在发育过程中，要通过中间宿主多种椎实螺（小土蜗、截口土蜗、椭圆萝卜螺及耳萝卜螺）。成虫阶段寄生在绵羊和山羊的肝脏胆管中。

② 临床症状　精神沉郁，食欲不佳，可视黏膜极度苍白，黄疸，贫血。病羊逐渐消瘦，被毛粗乱，毛干易断，肋骨突出，眼睑、颌下、胸腹下部水肿。放牧时有的吃土，便秘与腹泻交替发生，拉出黑褐色稀粪，有的带血。病情严重的，一般经 1～2 个月后，因病恶化而死亡，病情较轻的，拖延到次年天气回暖，饲料改善后逐渐恢复。

③ 病理变化　主要见于肝脏，其次为肺脏。有肝脏病变者为 100％，有肺病病变者占 35％～50％。器官的病变程度因感染程度不同而异。受大量虫体侵袭的患羊，肝脏出血和肿大，其中，有长达 2～5 毫米的暗红色索状物，挤压切面时，有污黄色的黏稠液体流出，液体中混杂有幼龄虫体。因感染特别严重而死亡者，可见有腹膜炎，有时腹腔内有大量出血，黏膜苍白。

慢性病例，肝脏增大更为剧烈，到了后期，受害部分显著缩小，呈灰白色，表面不整齐，质地变硬，胆管扩大，充满着灰褐色的胆汁和虫体。切断胆管时，可听到"嚓嚓"的声音。由于胆管内胆汁积留与胆管肌纤维的消失，引起管道扩大及管壁增厚，致使灰黄色的索状出现于肝的表面。

④ 检测技术

A. 粪便虫卵检查

漂浮沉淀法：采取新鲜羊粪便 3 克，放在玻璃杯内，注满饱和盐水，用玻璃棒搅拌成均匀的混悬液，静置 15～20 分钟。除去浮于表面的粪渣，吸去上清液，在杯底留 20～30 毫升沉渣。

向沉渣中加水至满杯，用玻璃棒搅拌。悬混液用 40～60 目筛子过滤，滤液静置 5 分钟，吸去上清液，在杯底留 15～20 毫升沉渣。将沉渣移注于锥形小杯，悬混液在锥形小杯中静置 3～5 分钟，然后吸去上清液，如此反复操作 2～3 次，最后将沉渣涂在载玻片上进行镜检。

水洗沉淀法：直肠取粪 5～10 克，加入 10～20 倍清水，用纱布或 40～60 目筛子过滤。滤液静置或离心沉淀，倒去上层浑浊液体并再加清水混匀沉淀，反复进行 2～3 次，直至上层液体清亮为止，最后倒去上层液体，吸取沉淀物涂片进行镜检。

肝片吸虫卵呈长卵圆形，金黄色，大小为（66～82）微米×（116～132）微米。

B. 免疫检测　可采用沉淀反应、补体结合反应、免疫电泳、间接血凝试验、酶联免疫吸附试验和免疫荧光试验等免疫诊断方法，在急性期虫体在肝脏组织中移行时和异位寄生时可取得较好的诊断效果。

⑤ 防治措施　为了消灭肝片吸虫病，要采取"预防为主"的综合防治措施。

A. 药物驱虫　肝片吸虫病的传播主要是源于病羊和带虫者，因此驱虫不仅是治疗病羊，也是积极的预防措施。关键在于驱虫的时间与次数。急性病例一般在 9 月下旬幼虫期驱虫，慢性病例一般在 10 月成虫期驱虫。所有羊只每年在 2～3 月份和 10～11 月份应有两次定期驱虫，10～11 月份驱虫是保护羊只过冬，并预防羊冬季发病，2～3 月份驱虫是减少羊在夏秋放牧时散播病源。最理想的驱虫药物是硝氯酚，每千克体重 3～5 毫克，空腹 1 次灌服，每天 1 次，连用 3 天。另外，还有联氨酚噻、肝蛭净、蛭得净、丙硫咪唑、硫双二氯酚等药物，可选择服用。

B. 粪便处理　圈舍内的粪便，每天清除后进行堆肥，利用粪便发酵产热而杀死虫卵。对驱虫后排出的粪便，要严格管理，不能乱丢，集中起来堆积发酵处理，防止污染羊舍和草场及再感染发病。

C. 牧场预防　选择高燥地区放牧，不到沼泽、低洼潮湿地带放牧；轮牧是防止肝片吸虫病传播的重要方法。把草场用网围栏、河流、小溪、灌木、沟壕等标把分成几个小区，每个小区放牧 30～40 天，按一定的顺序一区一区地放牧，周而复始地轮回放牧，以减少肝片吸虫病的感染机会；放牧与舍饲相结合。在冬季和初春，气候寒冷，牧草干枯，大多数羊消瘦、体弱，抵抗力低，是肝片吸虫病患羊死亡数量最多的时期，因此在这一时期，应由放牧转为舍饲，加强饲养管理，来增强抵抗力，降低死亡率。

D. 饮水卫生　在发病地区，尽量饮自来水、井水或流动的河水等清洁的水，不要到低湿、沼泽地带去饮水。

E. 消灭中间宿主　消灭中间宿主椎实螺是预防肝片吸虫病的重要措施。在放牧地区，通过兴修水利、填平改造低洼沼泽地，来改变椎实螺的生活条件，达到灭螺的目的。据资料报道，在放牧地区，大群养鸭，既能消灭椎实螺，又能促进养鸭业的发展，是一举两得的好事。

F. 患病脏器的处理　不能将有虫体的肝脏乱弃或在河水中清洗，或把洗肝的水到处乱泼，而使病原人为地扩散，对有严重病变的肝脏立即作深埋或焚烧等销毁处理。

99.　如何防治羊螨病？

（1）概述　羊螨病又称羊疥癣，是由疥螨和痒螨寄生于皮肤，引起患羊发生剧烈痒感以及各种类型的皮肤炎症为特征的寄生虫病。螨病是绵羊主要体外寄生虫之一，发病率达到 20%～30%，严重的高达 100%。该病是由于健畜接触患畜或通过有螨虫的畜舍、用具和工作人员的衣物等而感染，犬及其他动物也可以成为传播媒介。主要发生于秋末、冬季和初春，尤其是阴雨天气，蔓延快，发病剧烈。

（2）技术特点

① 病原特征　羊螨病的病原是螨，分为痒螨和疥螨两类。羊痒螨寄生在皮肤的表面，成虫为椭圆形，假头呈圆锥形。虫体大小 0.5～0.9 毫米，有 4 对细长的足。疥螨寄生在皮肤角质层下，成虫呈圆形，大小为 0.2～0.5 毫米，浅黄色，体表有大量小刺，虫体腹面前部和后部各有 2 对粗短的足。

螨终生寄生在羊身上，痒螨雌虫在羊毛之间的寄生部位产卵，一个雌虫一生能产 90～100 个卵。卵经 3～4 天孵化出六脚幼虫，幼虫经 2～3 天变为若虫。若虫蜕 2 次皮后，再过 3～4 天变成成虫，全部发育过程需 10～11 天。疥螨雌虫在皮下产卵，一个雌虫一生能产 20～40 个卵。卵经 3～7 天孵化出六脚幼虫，再经数日变成小疥虫，以后发育成成虫，全部发育过程需 15～20 天。

② 典型症状　患羊主要表现为剧痒、消瘦、皮肤增厚、龟裂和脱毛。绵羊的螨病一般都为痒螨所侵害，病变首先在背及臀部毛厚的部位，以后很快蔓延到体侧。患部皮肤开始出现针头大至粟粒大结节，继而形成水疱脓疱，渗出浅黄色液体，进而形成结痂。病羊皮肤遭到破坏、增厚、龟裂及脱毛。山羊螨病一般为疥螨所侵害，但山羊螨病少见。山羊疥螨首先发生于鼻唇、耳根、腔下、乳房部及阴囊等皮肤薄嫩、毛稀处。患螨病羊烦躁不安，终日啃咬和摩擦患部，影响正常的采食和休息，日渐消瘦，最终可能极度衰竭而死亡。

③ 实验室检测　直接检测：刮取前剪毛，用经过火焰消毒的凸刃小刀涂上 50% 甘油水溶液，使刀刃与皮肤表面垂直，在皮肤的患部与健康部交界处刮取皮屑，一直刮到皮肤轻微出血为止。将刮取的皮屑弄碎，放在培养皿内或黑纸上，在日光下暴晒，或用热水、炉火等对皿底或黑纸底面加温至 40～50℃，经 30～40 分钟后，将痂皮轻轻移走，用肉眼或利用放大镜观察螨虫移动。

显微镜检：将刮取的皮屑，直接涂在载玻片上，滴加液体石蜡或含 50％甘油的生理盐水，置低倍显微镜下观察活螨虫。

沉淀法：将刮取的皮屑放入试管中，加入 10％的氢氧化钠溶液，浸泡过夜，取沉渣镜检。

漂浮法：刮取较多量的皮屑放入试管中，加入 10％的氢氧化钠溶液，浸泡过夜，取沉渣，向沉渣中加入 60％硫代硫酸钠溶液，直立静置 10 分钟后待虫体上浮，取表层液镜检。

④ 防治措施

A. 预防　采取"预防为主、以检促防、防治结合"的原则。

畜舍要宽敞、干燥、透光、通风良好，羊群密度适宜（0.8～1.2 米²/只）。

畜舍要经常清扫，保持清洁，防止犬和其他带螨动物进入羊舍。定期消毒畜舍和饲养管理用具（每两周一次）。可用 0.5％敌百虫水溶液喷洒墙壁、地面及用具，或用 80 ℃以上的 20％热石灰水洗刷畜舍的墙壁和柱栏，消灭环境中的螨。

每年春、秋两季定期进行药浴或预防性药物驱虫，可取得预防与治疗的双重效果。

对羊只定期检疫，经常巡视羊群，注意观察羊群中有无发痒、掉毛现象。可疑羊只马上隔离、检查、确诊、治疗。

B. 治疗　及时治疗病羊。可采取涂药疗法、药浴疗法、注射疗法。

涂药疗法：用新灭癞灵稀释成 1％～2％的水溶液，以毛刷蘸取药液刷拭患部。因为虫体主要集中在病灶的外围，所以一定要把病灶的周围涂上药，并要适当超过病灶范围。另外当患部有结痂时，要反复多刷几次，使结痂软化松动，便于药液浸入，以杀死痂内和痂下的虫体和虫卵。也可选用 0.05％的辛硫磷、螨净或溴氰菊酯乳剂（每 100 毫升乳剂兑水 10 千克）进行治疗。

药浴疗法：用药浴液对羊只体表进行洗浴，以杀死或预防体表寄生虫如疥癣、虱、蜱等。该法适用于病畜数量多且气候温暖的季节，一般在绵羊剪毛、山羊抓绒后 7～10 天进行。第 1 次药浴后 8～14 天应进行第 2 次药浴。药浴液可选用 0.1%～0.2%新灭癞灵、0.05%辛硫磷或螨净进行药浴。

注射疗法：注射阿维菌素、伊维菌素，重者 7～10 天后再重复注射 1 次。

100. 如何使用肉羊疾病远程辅助诊断系统？

以辽宁绒山羊主要疾病综合防控与常见病网上诊断系统为例，介绍肉羊疾病远程辅助治疗。该系统的一级界面见图 7-1。

| 项目简介 | 项目承担单位 | 系统介绍 | 进入诊断系统 | 疫病综合防控 |

图 7-1　辽宁绒山羊主要疫病综合防控与常见病网上诊断系统

该诊断系统以辽宁绒山羊解剖学系统疾病为主线，从容易甄别的示病症状入手，设置了 5 级诊断程序，分别是：解剖学系统疾病名称→疾病的示病症状→疾病的主要流行特点、症状、剖检变化→疾病的诊断要点→最后诊断。其中，解剖学系统疾病包含了消化系统疾病、呼吸系统疾病、神经系统疾病、循环系统疾病、运动系统疾病、被皮系统疾病和泌尿生殖系统疾病。疾病的诊断程序中设置了 5 选 3 程序，即选择 5 条中的 3 条即可获得诊断结果，点击诊断结果中病名，即可获得该病防治方法等详细内容。

该诊断系统的关键技术问题是疾病诊断数据库的构建和网上诊断程序的设计。具体做法是：将有实际诊断意义的流行病学特点、主要症状和剖检变化纳入数据库中，根据辽宁绒山羊发病实际情况，构建了 46 种常见疾病诊断数据库，内容包括了常见传染病、常见寄生虫病、常见产科疾病、常见内科疾病等。为了提高诊断的准确率，还设置了必选其中一条和必选其中二条程序。增加了本诊断系统的实用性和可操作性。针对网上诊断程序的设计问题，课题组组织了多名软件设计方面的专家，经过反复研究，采用 Macromedia Dreamweaver 软件，攻克了程序设计工作量大等难题，设计出符合诊断系统要求的软件程序。二者的有机结合，使本诊断系统具有较高的科学性和实用性。

在一级界面下，点击"进入诊断系统"，出现如图 7-2 所示的界面，用户可以按照疫病类别进行选择。

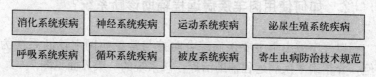

图 7-2　网上诊断系统

图 7-2 界面中包括不同疾病，如图 7-3 所示的界面，用户可以按照疾病种类选择。

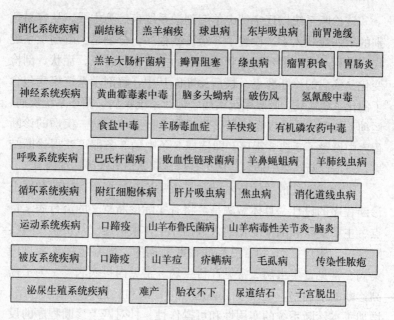

图 7-3　患羊疾病种类

参考文献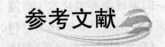

付殿国，杨军香 . 2013. 肉羊养殖主推技术 ［M］. 北京：中国农业科学技术
　出版社 .

张英杰 . 2010. 羊生产学 ［M］. 北京：中国农业大学出版社 .

赵有璋 . 2002. 羊生产学 ［M］. 北京：中国农业出版社 .

中国农业百科全书编辑部 . 1996. 中国农业百科全书（畜牧业卷）［M］. 北
　京：中国农业出版社 .

陈玉林 . 1998. 肉羊高效生产实用技术问答 ［M］. 北京：中国农业出版社 .

杨诗兴，彭大惠，张文远，等 . 1988. 湖羊能量与蛋白质需要量的研究［J］.
　中国农业科学，21（2）：73 - 80.

赵晓勇，牛文智 . 2008. 宁夏滩羊发展现状的分析与思考 ［J］. 中国草食动
　物，1：50 - 51.

郭小雅 . 2006. 乌珠穆沁羊的遗传分化与系统地位研究 ［C］. 扬州：扬州大
　学 .

李玉冰，肖西山，谢富强，等 . 2005. 波尔山羊胚胎移植产业化关键技术研
　究 ［J］. 北京农业职业学院学报，19（1）：21 - 25.

图书在版编目（CIP）数据

肉羊健康养殖技术100问 / 李鹏等主编 . —北京：中国农业出版社，2016.11（2019.5 重印）
（新农村建设百问系列丛书）
ISBN 978-7-109-22201-4

Ⅰ.①肉… Ⅱ.①李… Ⅲ.①肉用羊-饲养管理-问题解答 Ⅳ.①S826.9-44

中国版本图书馆CIP数据核字（2016）第238117号

中国农业出版社出版
（北京市朝阳区麦子店街18号楼）
（邮政编码100125）
责任编辑 肖 邦

北京中兴印刷有限公司印刷 新华书店北京发行所发行
2017年1月第1版 2019年5月北京第17次印刷

开本：850mm×1168mm 1/32 印张：6.875
字数：165千字
定价：20.00元
（凡本版图书出现印刷、装订错误，请向出版社发行部调换）